ドリルを　はじめる　みんなへ

この　ドリルでは　マインクラフトの　なかまたちと　いっしょに　けいさんの　もんだいに　チャレンジするよ。
みんなも　学校(がっこう)で　けいさんを　べんきょうして　いるよね。
もしかしたら　むずかしいと　おもって　いるかもしれないね。でも　大(だい)じょうぶ！
この　ドリルに　とりくめば　まるで　ゲームで　あそぶみたいに　たのしく　けいさんを　学(まな)べるよ。
ドリルを　といていくうちに　きっと　けいさんが　すきに　なるよ。

さあ、さっそく　ドリルに
とりくんで　いこう！

本書は、制作時点での情報をもとに作成しています。本書発売後、「Minecraft」の内容は予告
Minecraft 公式の書籍ではありません。Minecraft のブランドガイドラインに基づき、企画・出版した
Notch 氏は本書に関してまったく責任はありません。本書の発行を可能とした Microsoft 社、Moja

もくじ

このドリルの使い方

おうちの　人と　いっしょに　よみましょう。

ドリルの進め方

基本の問題
↓
まとめのミニテスト

を繰り返します。
↓
最後に
まとめのテストをします。

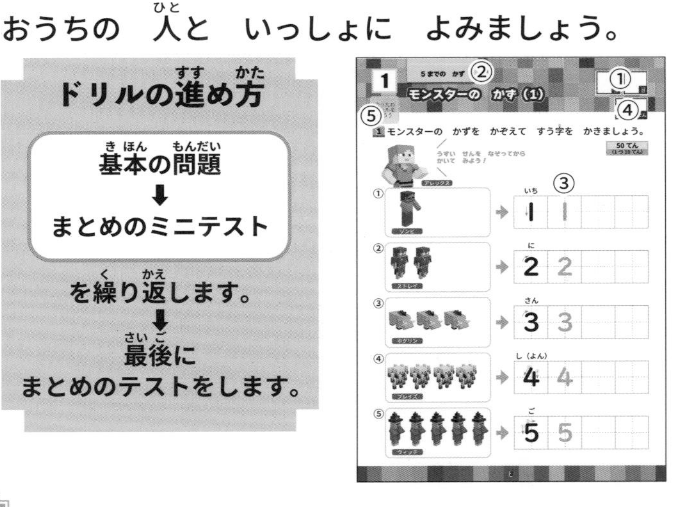

①勉強した日付を書きましょう。

②問題の単元を表しています。

③答えは（　）内や□に書きましょう。線つなぎや迷路は、線を引きましょう。

④表と裏の問題が終わったら、答えのページを見て答え合わせをしましょう。問題文の右下にある点数を数えて、合計点（100点満点）を書きましょう。

⑤表と裏の問題が終わって、点数をつけたら、最後にやったねシールを貼りましょう。

やったね
シールを
はろう

モンスターの　かず（1）

1 モンスターの　かずを　かぞえて　すう字を　かきましょう。

50 てん
（1つ 10 てん）

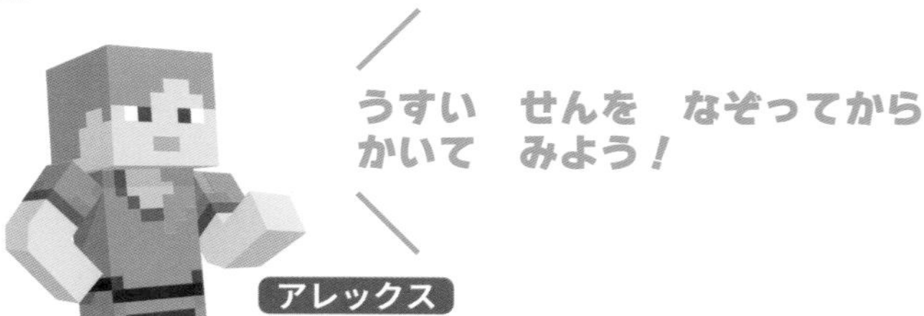

①

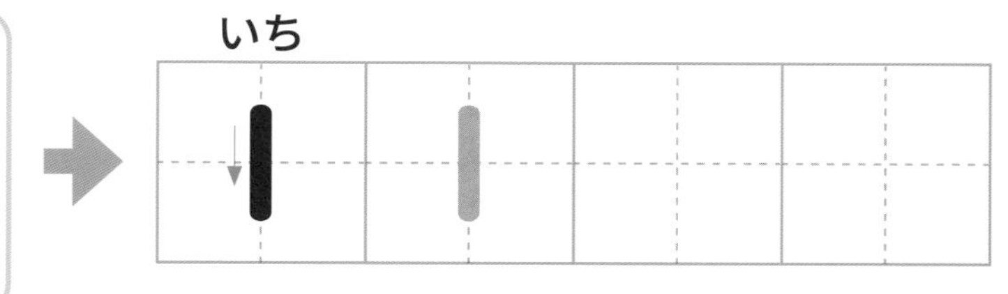

②

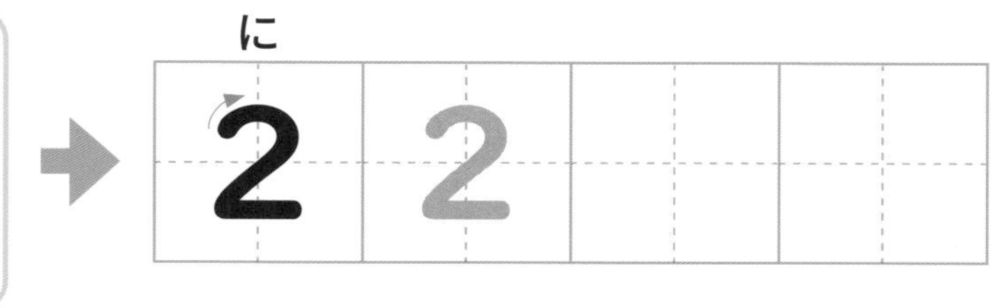

③
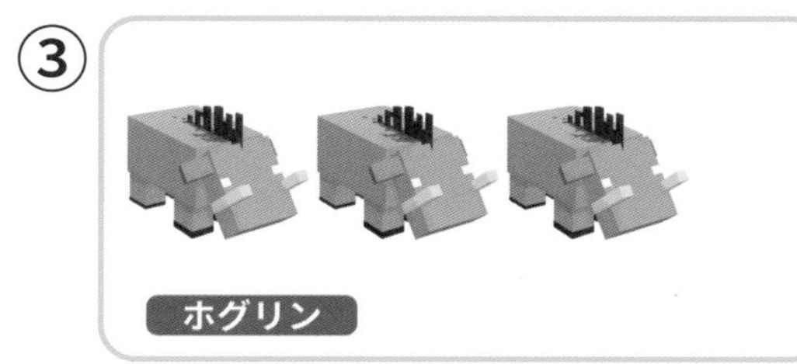

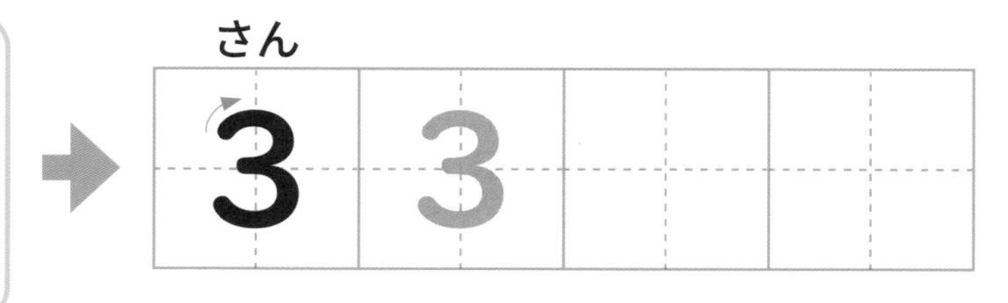

④
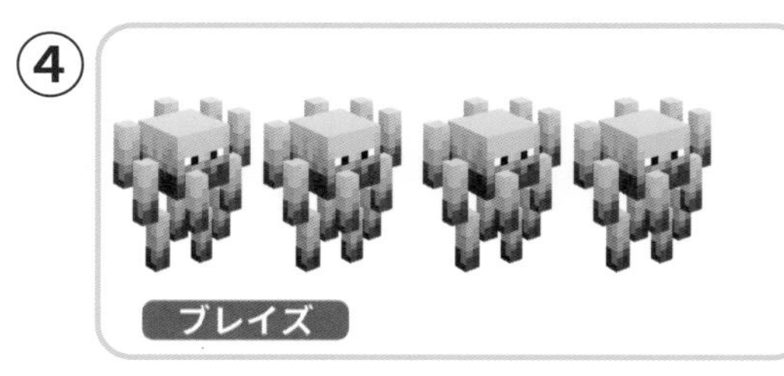

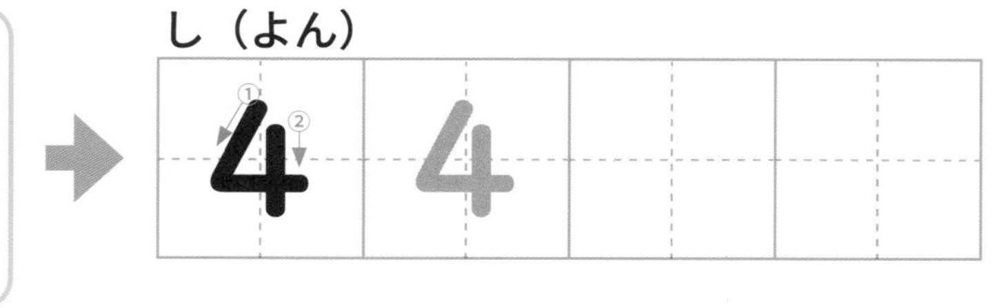

⑤

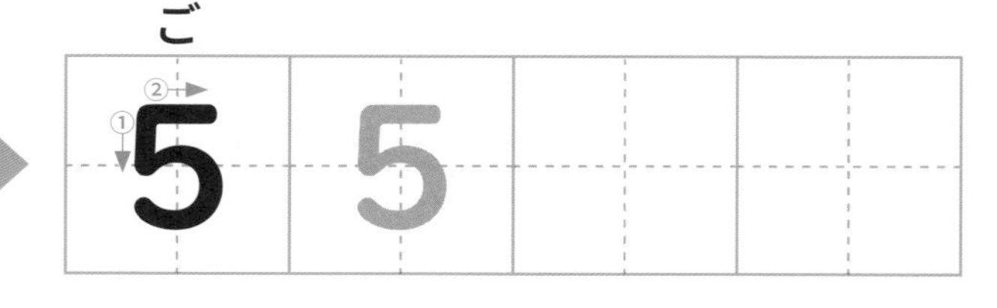

2 モンスターと　おなじ　かずを　せん(——)で　つなぎましょう。

25てん

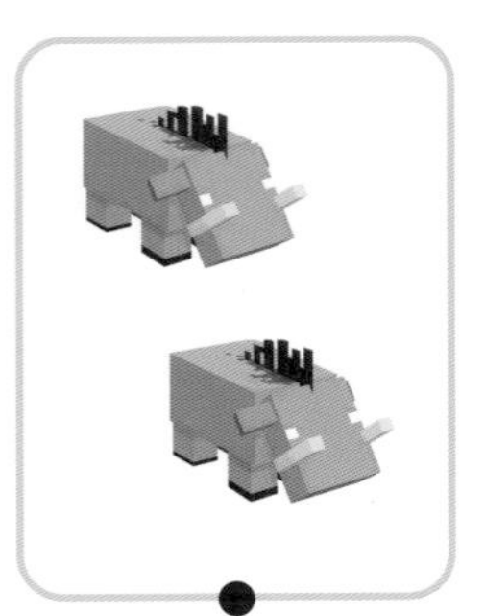

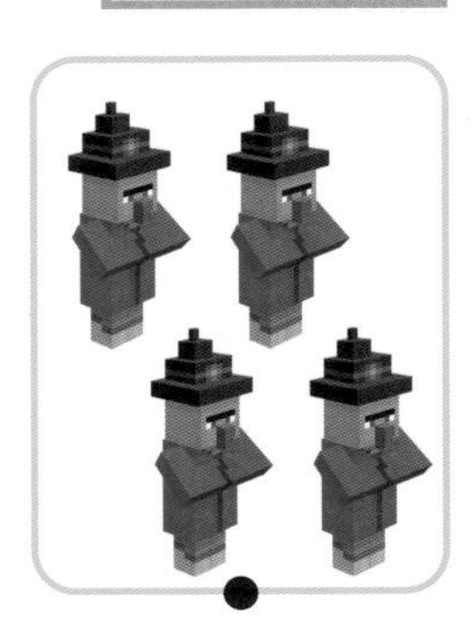

3　2　1　4　5

3 モンスターの　かずを　かぞえて　すう字(じ)を　かきましょう。

25てん
(1つ5てん)

①

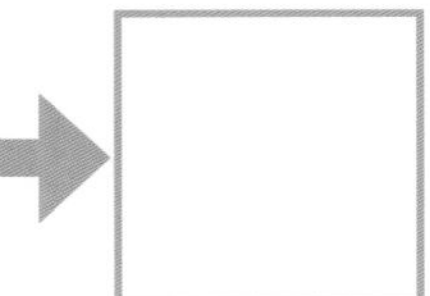

②

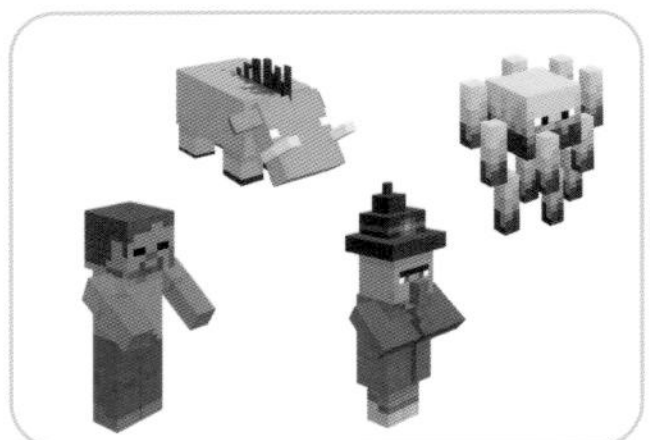

③

④

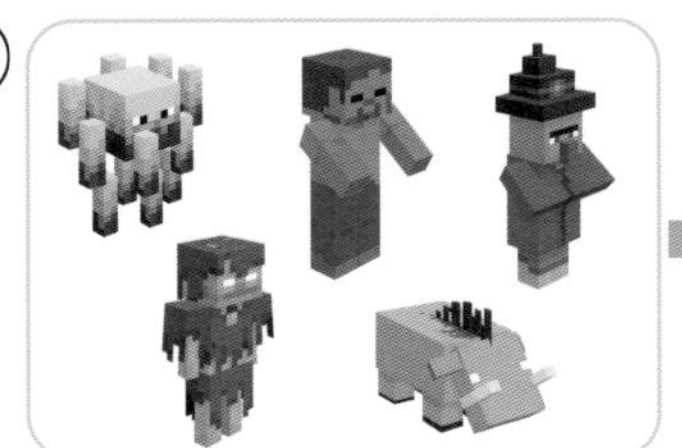

⑤

2 たからものの かず

やったね シールを はろう

てん

1 たからものの かずを かぞえて すう字を かきましょう。

50てん（1つ10てん）

①

ろく
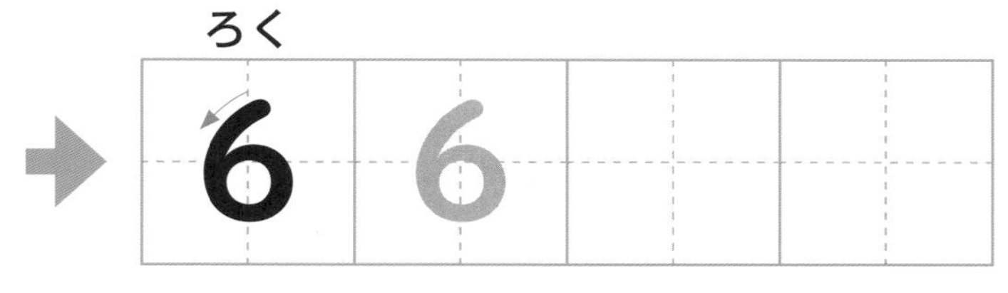

②

しち（なな）
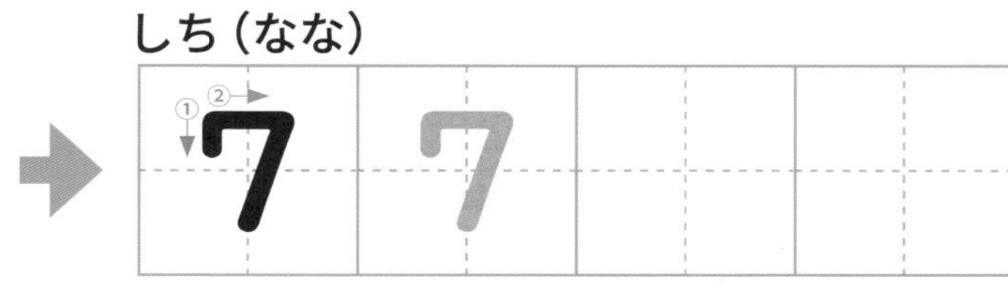

③

はち
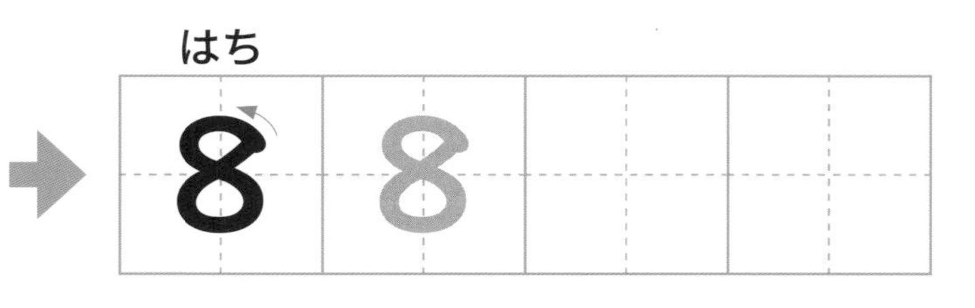

④

く（きゅう）
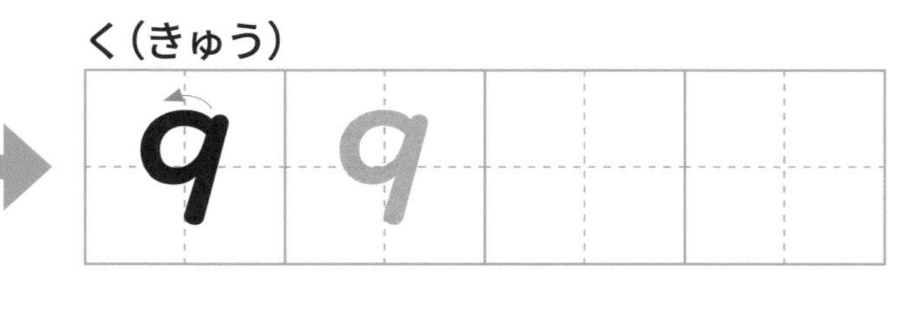

⑤

じゅう
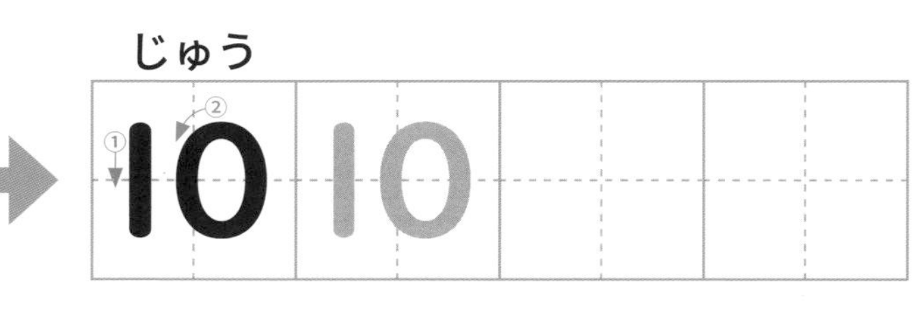

2 たからものと　おなじ　かずを　——で　つなぎましょう。

25 てん

3 たからものの　かずを　かぞえて　すう字を　かきましょう。

25 てん
（1 つ 5 てん）

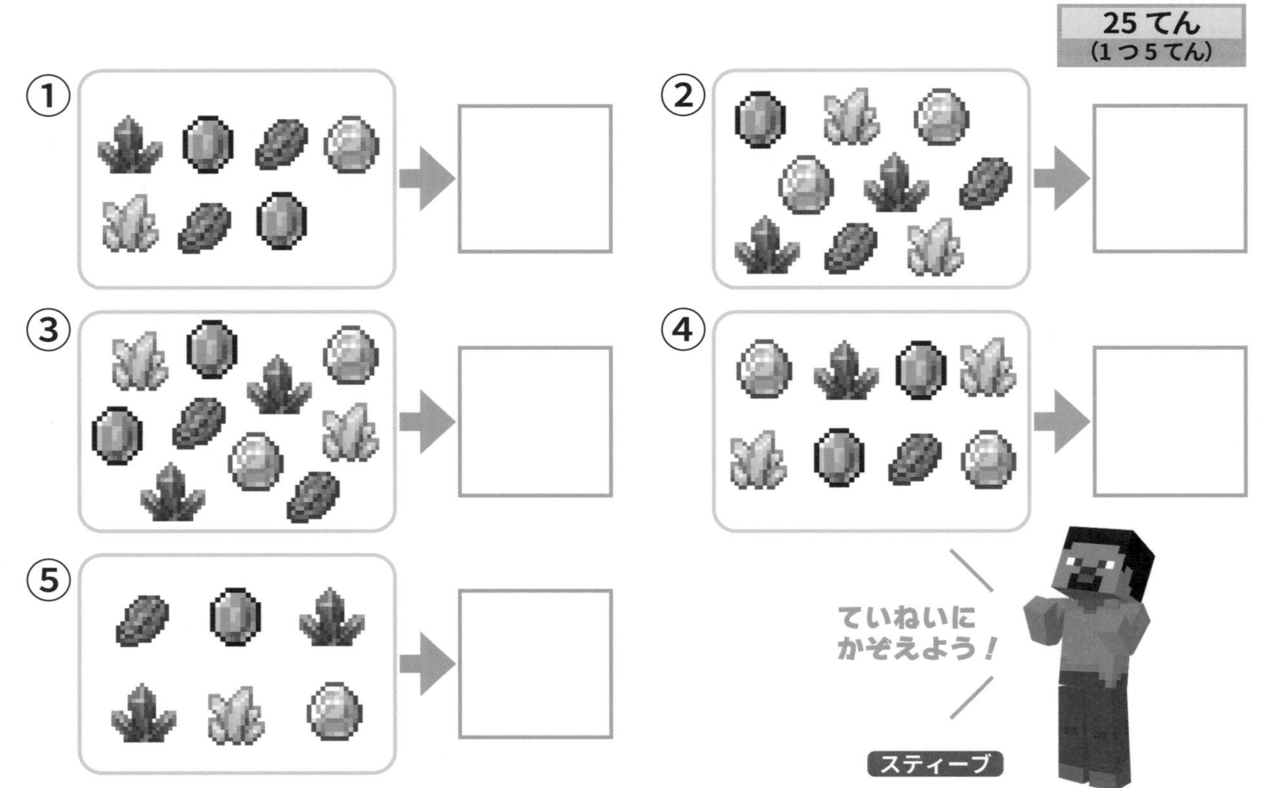

3

おなじ　かずの　アイテム

やったね
シールを
はろう

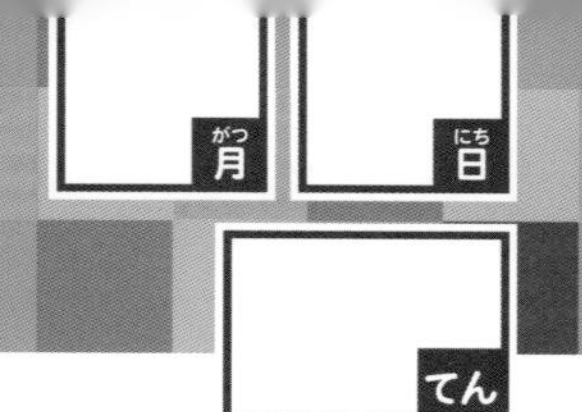

1 アレックスが　アイテムを　あつめました。

①上の　□の　中に　ある　それぞれの　アイテムの　かずを
かきましょう。

40 てん
(1つ 10 てん)

金の　けん

クロスボウ

ぼうえんきょう

コンパス

②おなじ　かずの　アイテムは　どれと　どれですか。

20 てん

（　　　　　　　　　）と（　　　　　　　　　）

2 おなじ　かずを　線(せん)で　つなぎましょう。

40てん

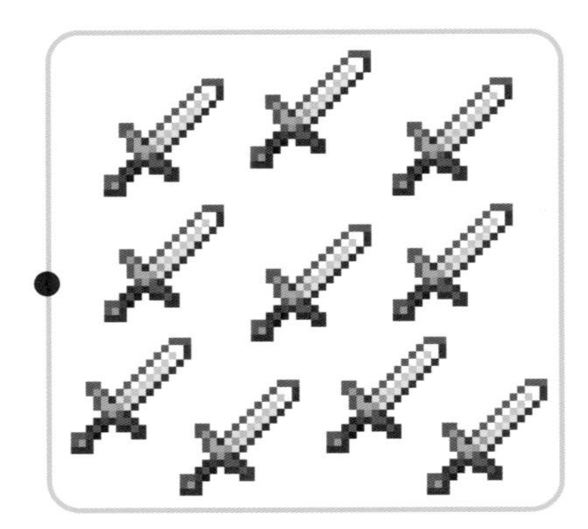

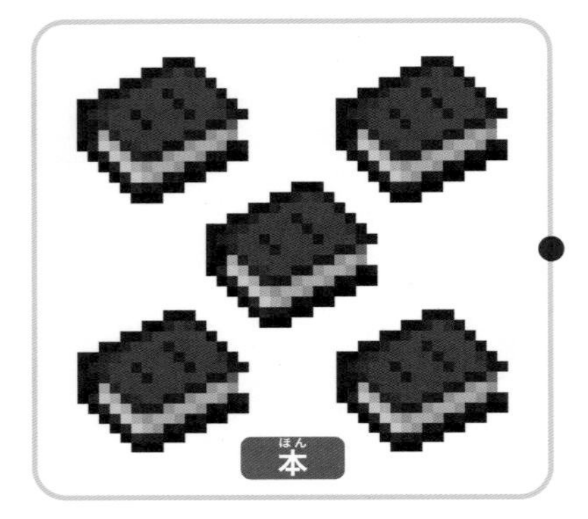
本(ほん)

とけい

てつの　おの

ダイヤモンドの　ツルハシ

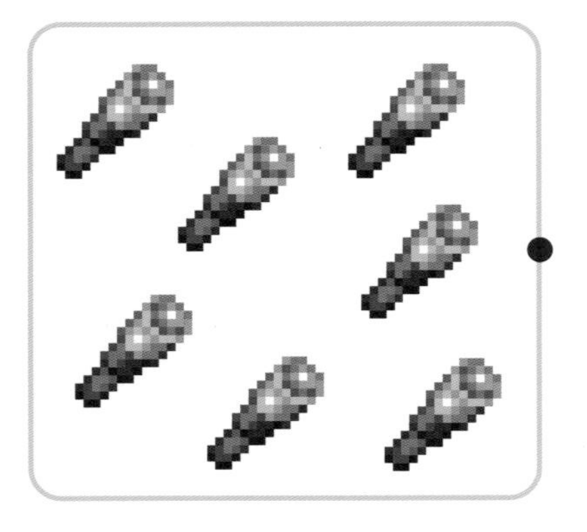

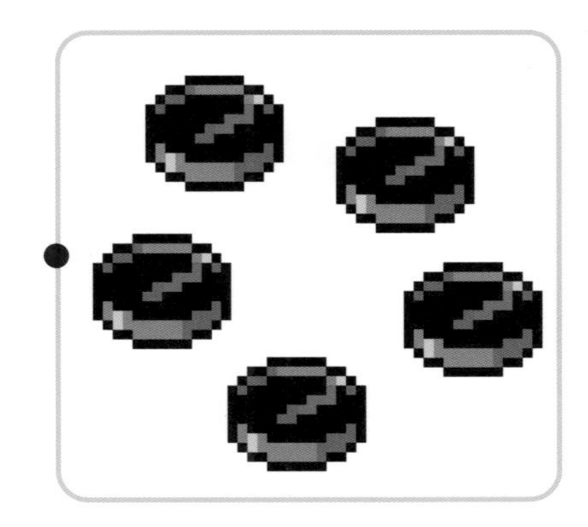

かずを　くらべよう

やったね
シールを
はろう

1 ネコが　さかなを　つかまえます。

①上の　[ ]の　中に　いる　ネコと　さかなの　かずを
かきましょう。

30てん
(1つ15てん)

②かずが　おおいのは　ネコと　さかなの　どちらですか。

20てん

（　　　　　　　　）

2 ニワトリが　たまごを　うみました。

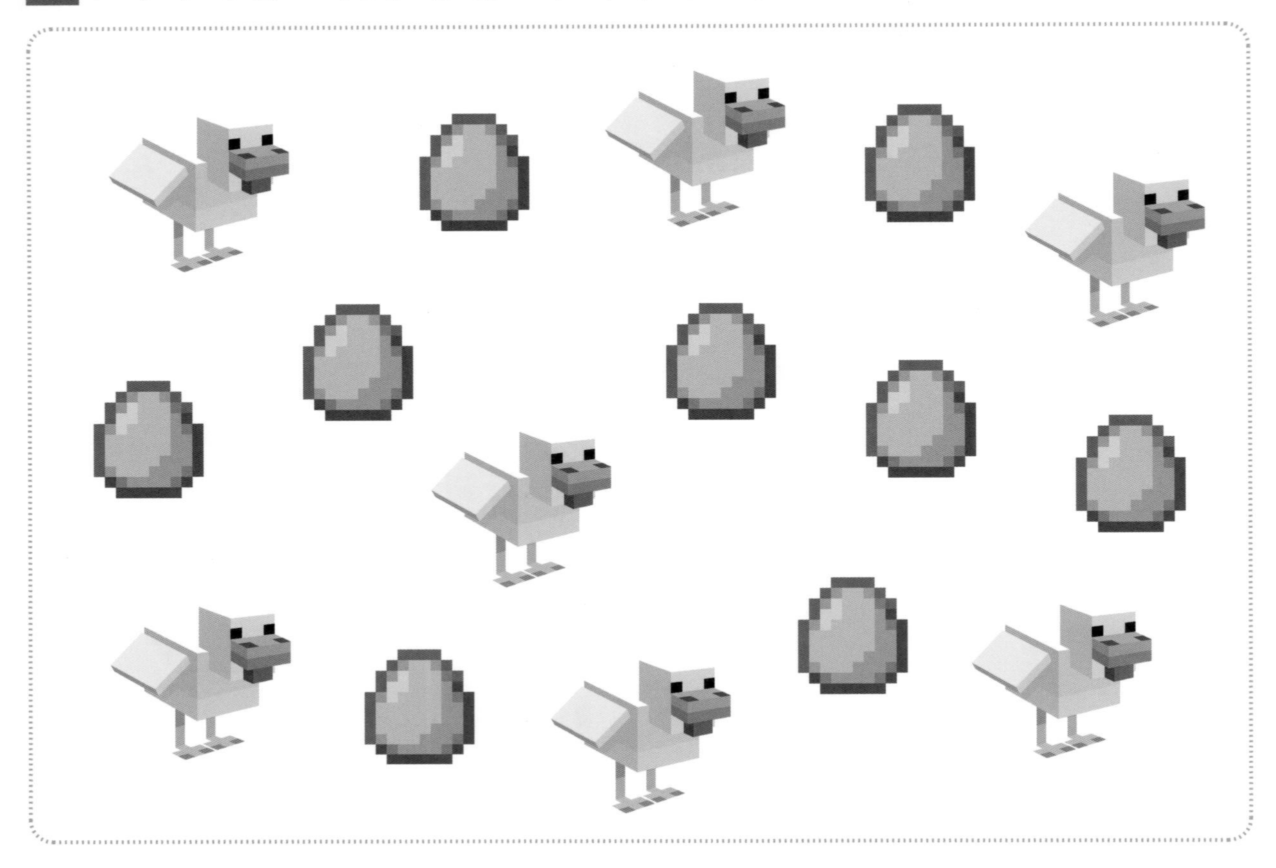

①上(うえ)の　[　]の　中(なか)に　いる　ニワトリと　うんだ　たまごの　かずを　かきましょう。

30てん（1つ15てん）

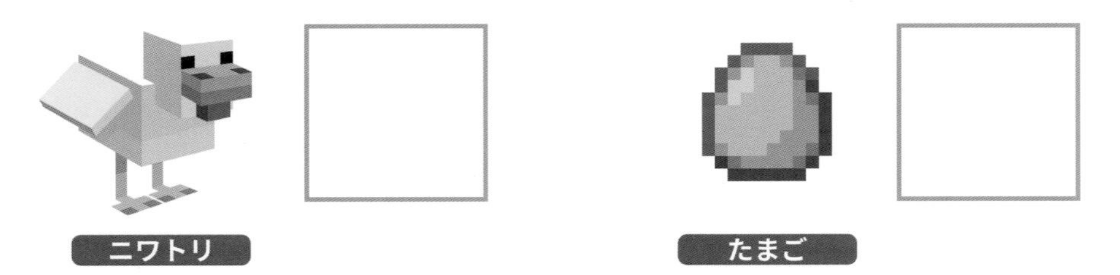

②かずが　すくないのは　ニワトリと　たまごの　どちらですか。

20てん

（　　　　　　　　　）

モンスターの　じゅんばん

やったね
シールを
はろう

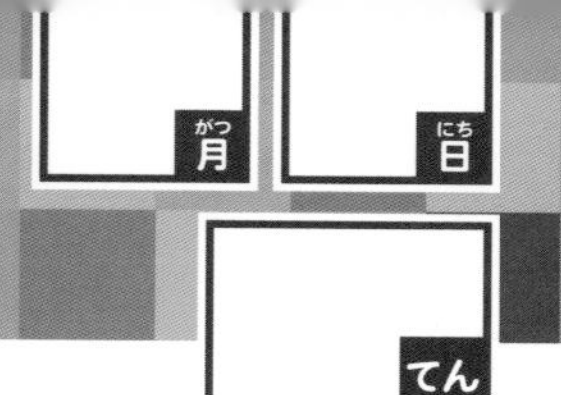

1 モンスターたちが　１れつに　ならんで　います。

①ゾンビは　まえから　なんばん目(め)ですか。

20てん

（　　　　　）ばん目(め)

②エルダーガーディアンは　うしろから　なんばん目(め)ですか。

20てん

（　　　　　）ばん目(め)

2 モンスターたちが　よこに　ならんで　います。

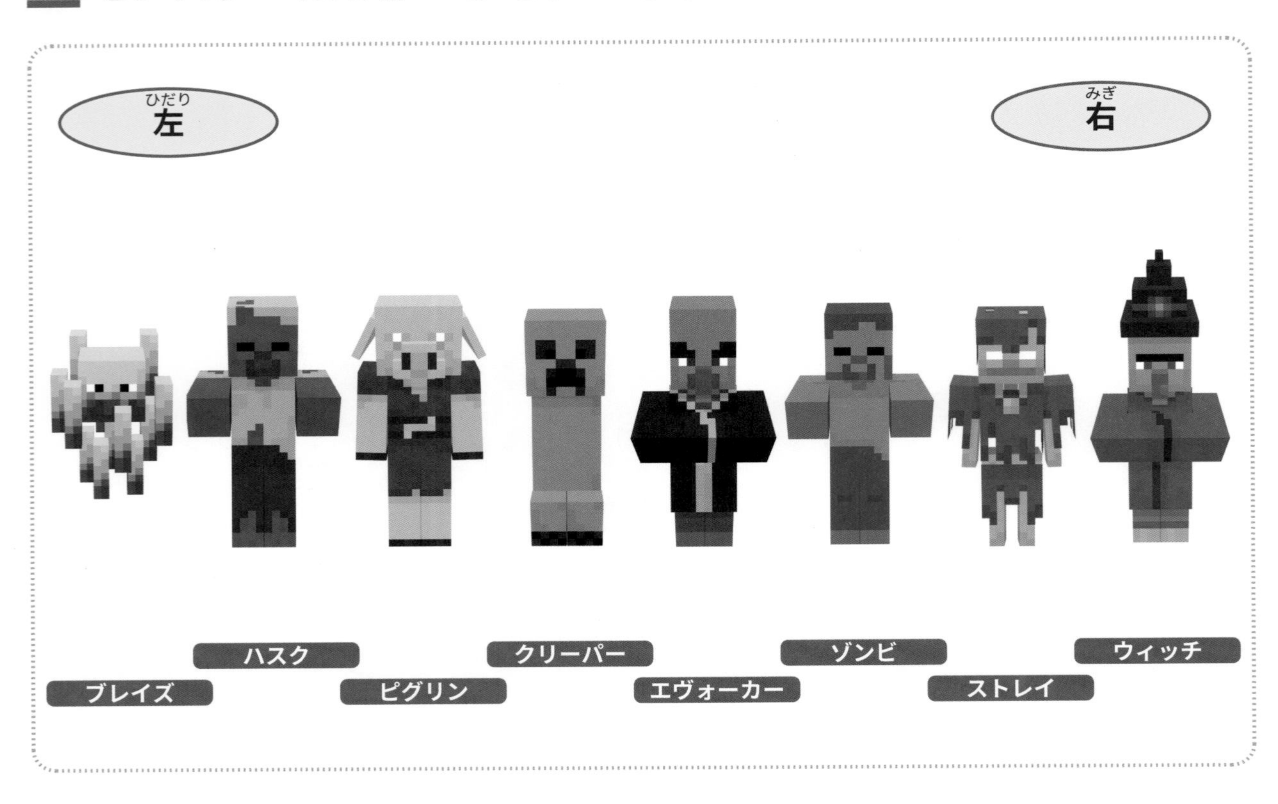

①ピグリンは　左から　なんばん目ですか。

20 てん

（　　　　　　）ばん目

②エヴォーカーは　左から　なんばん目ですか。

20 てん

（　　　　　　）ばん目

③ハスクは　右から　なんばん目ですか。

20 てん

（　　　　　　）ばん目

ブロックは いくつと いくつ？

やったね シールを はろう

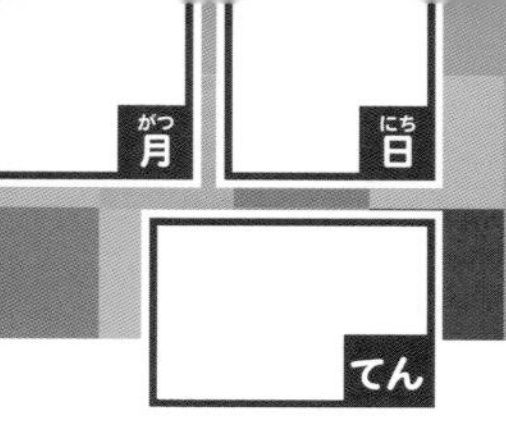

1 ＿＿の 5つの ブロックは いくつと いくつに わけられますか。□に かずを かきましょう。

20てん (1つ5てん)

①

→ 1 と □

②

→ 2 と □

③

→ 3 と □

④

→ 4 と □

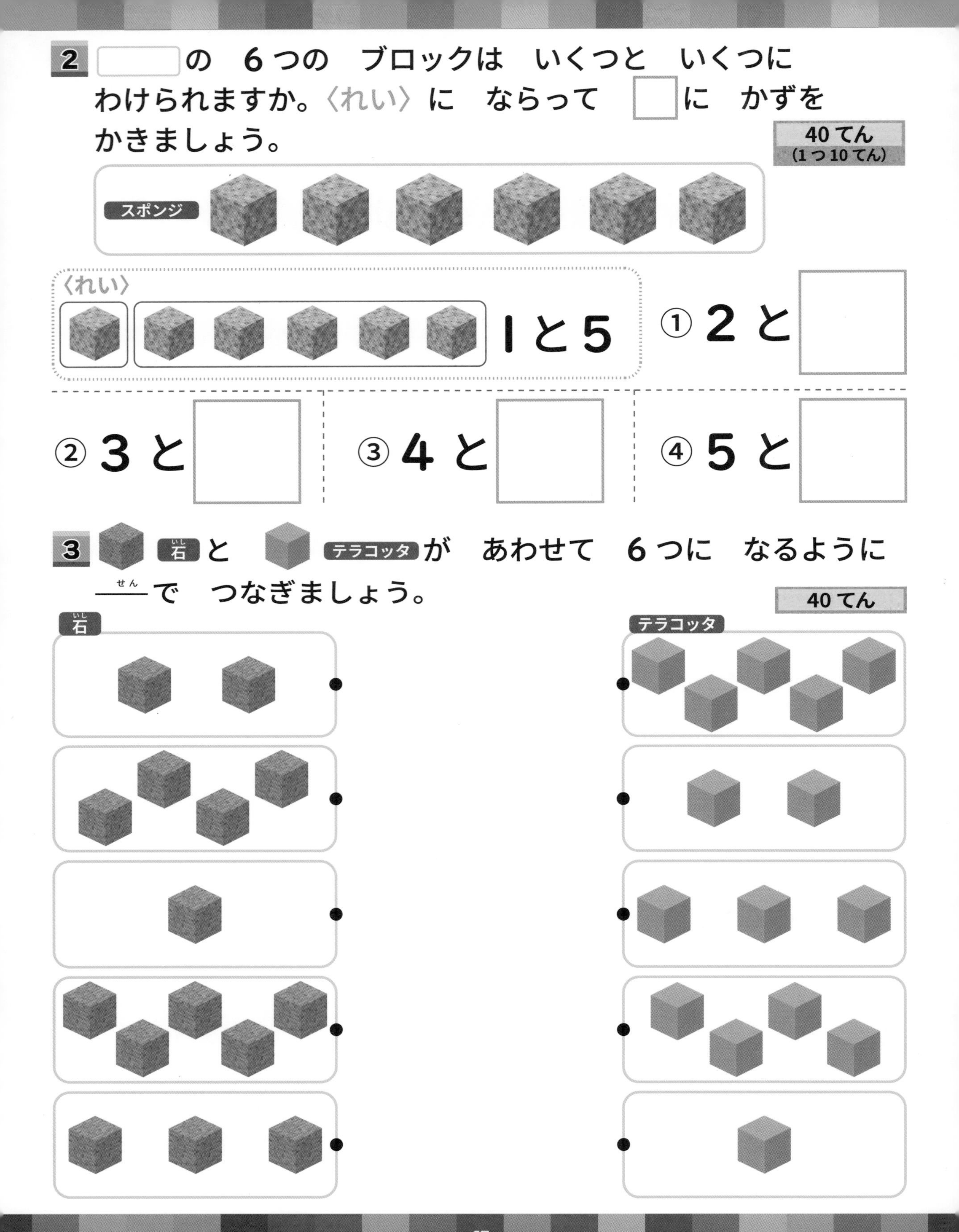

2 [ ] の 6つの ブロックは いくつと いくつに わけられますか。〈れい〉に ならって [ ] に かずを かきましょう。

40てん (1つ10てん)

スポンジ

〈れい〉 1と5

① 2と [ ]

② 3と [ ]

③ 4と [ ]

④ 5と [ ]

3 石(いし)と テラコッタが あわせて 6つに なるように 線(せん)で つなぎましょう。

40てん

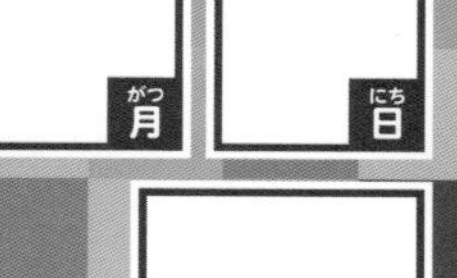

7 生きものは　いくつと　いくつ

やったね
シールを
はろう

月　日　てん

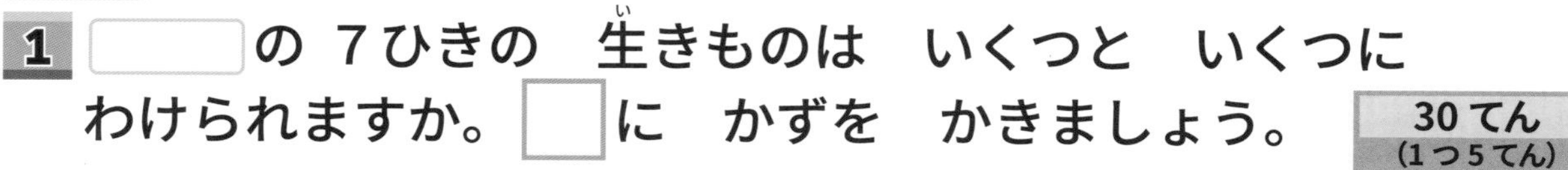

1 [　　] の 7ひきの　生きものは　いくつと　いくつに
わけられますか。[　] に　かずを　かきましょう。

30 てん
(1 つ 5 てん)

①
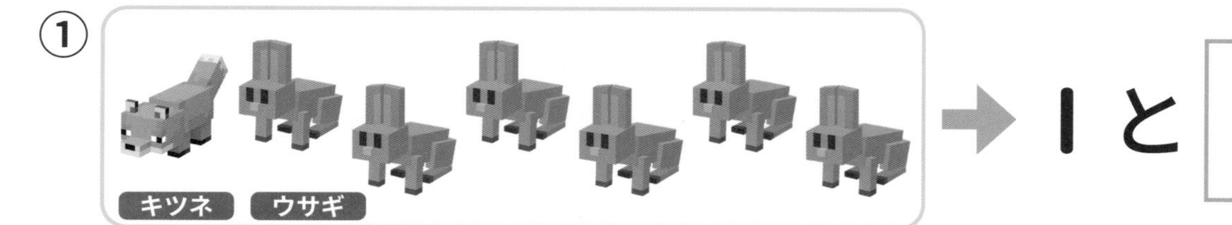

→ 1 と [　]

②

→ 2 と [　]

③
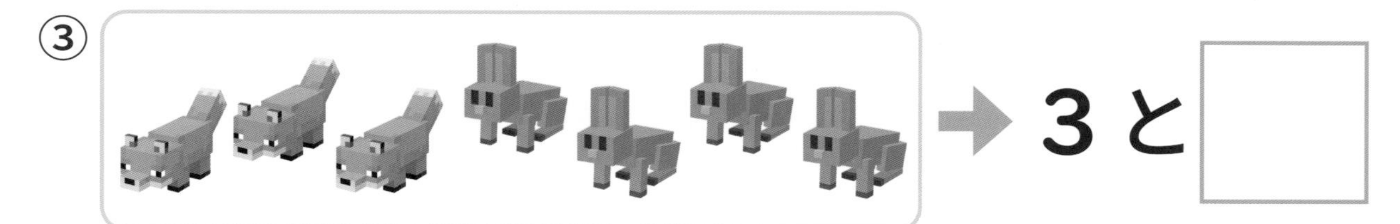
→ 3 と [　]

④
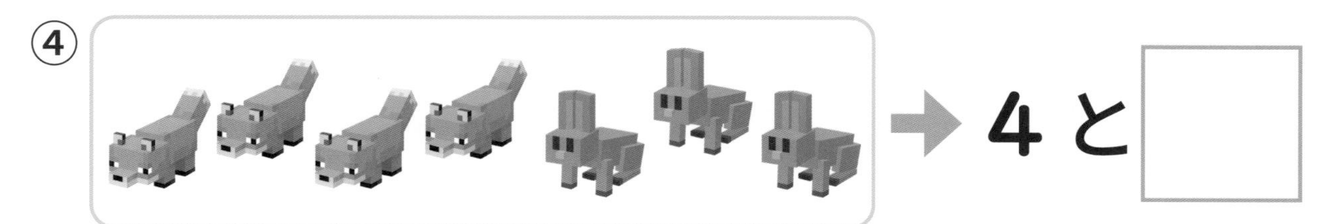
→ 4 と [　]

⑤
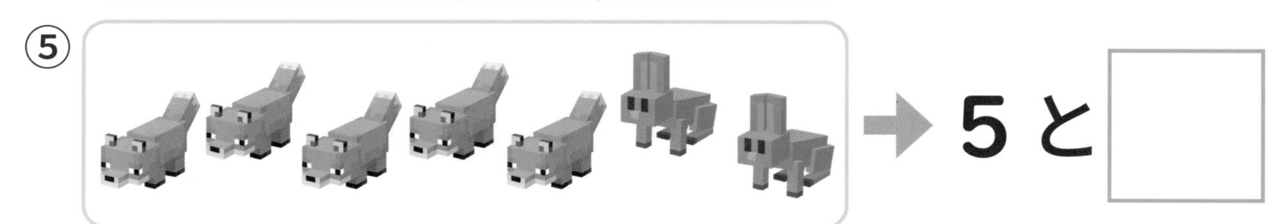
→ 5 と [　]

⑥
→ 6 と [　]

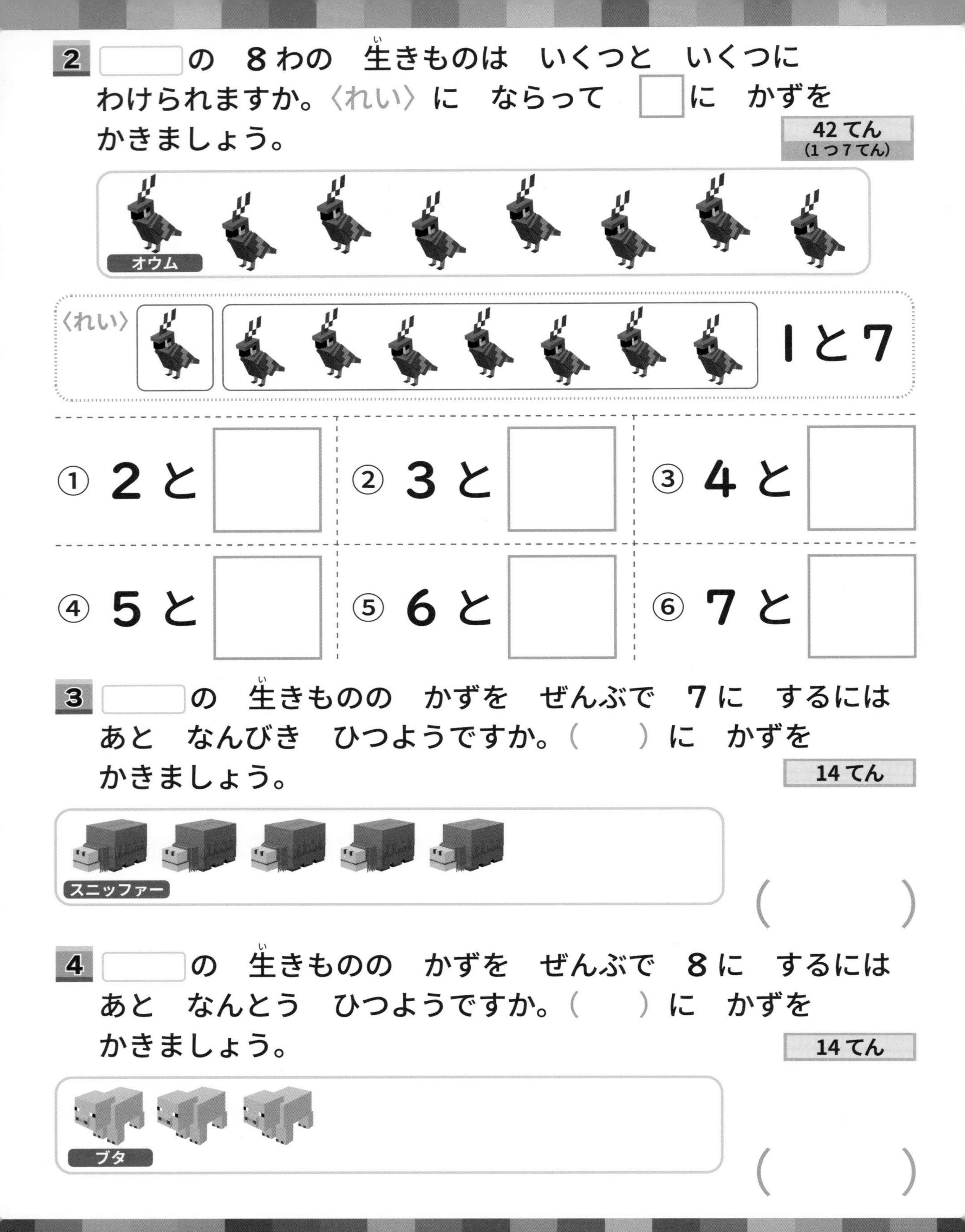

2 □ の　8わの　生きものは　いくつと　いくつに わけられますか。〈れい〉に　ならって　□に　かずを かきましょう。

42てん（1つ7てん）

オウム

〈れい〉 1と7

① 2と □　② 3と □　③ 4と □

④ 5と □　⑤ 6と □　⑥ 7と □

3 □ の　生きものの　かずを　ぜんぶで　7に　するには あと　なんびき　ひつようですか。（　）に　かずを かきましょう。

14てん

スニッファー

（　　）

4 □ の　生きものの　かずを　ぜんぶで　8に　するには あと　なんとう　ひつようですか。（　）に　かずを かきましょう。

14てん

ブタ

（　　）

8

たべものは　いくつと　いくつ？

やったね
シールを
はろう

月　日

1 □の　9この　たべものは　いくつと　いくつに
わけられますか。かずを　かきましょう。

40てん
(1つ5てん)

① 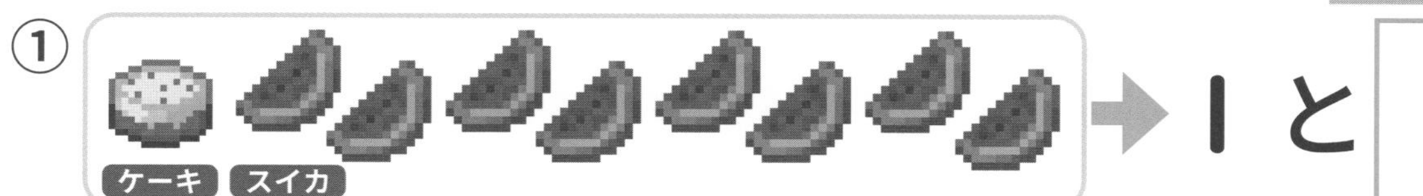

→ 1 と □

② 
→ 2 と □

③ 
→ 3 と □

④ 
→ 4 と □

⑤ 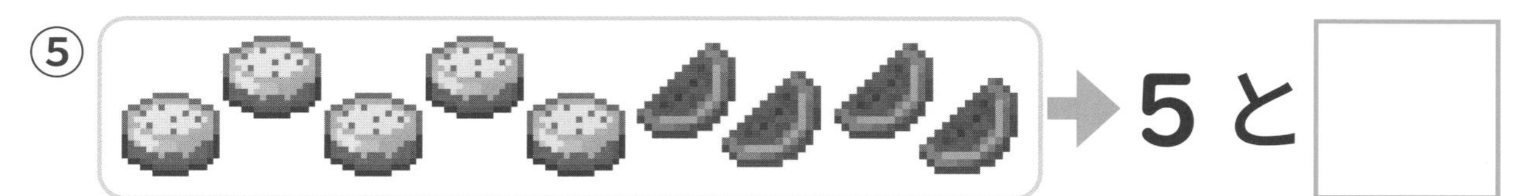
→ 5 と □

⑥ 
→ 6 と □

⑦ 
→ 7 と □

⑧ 
→ 8 と □

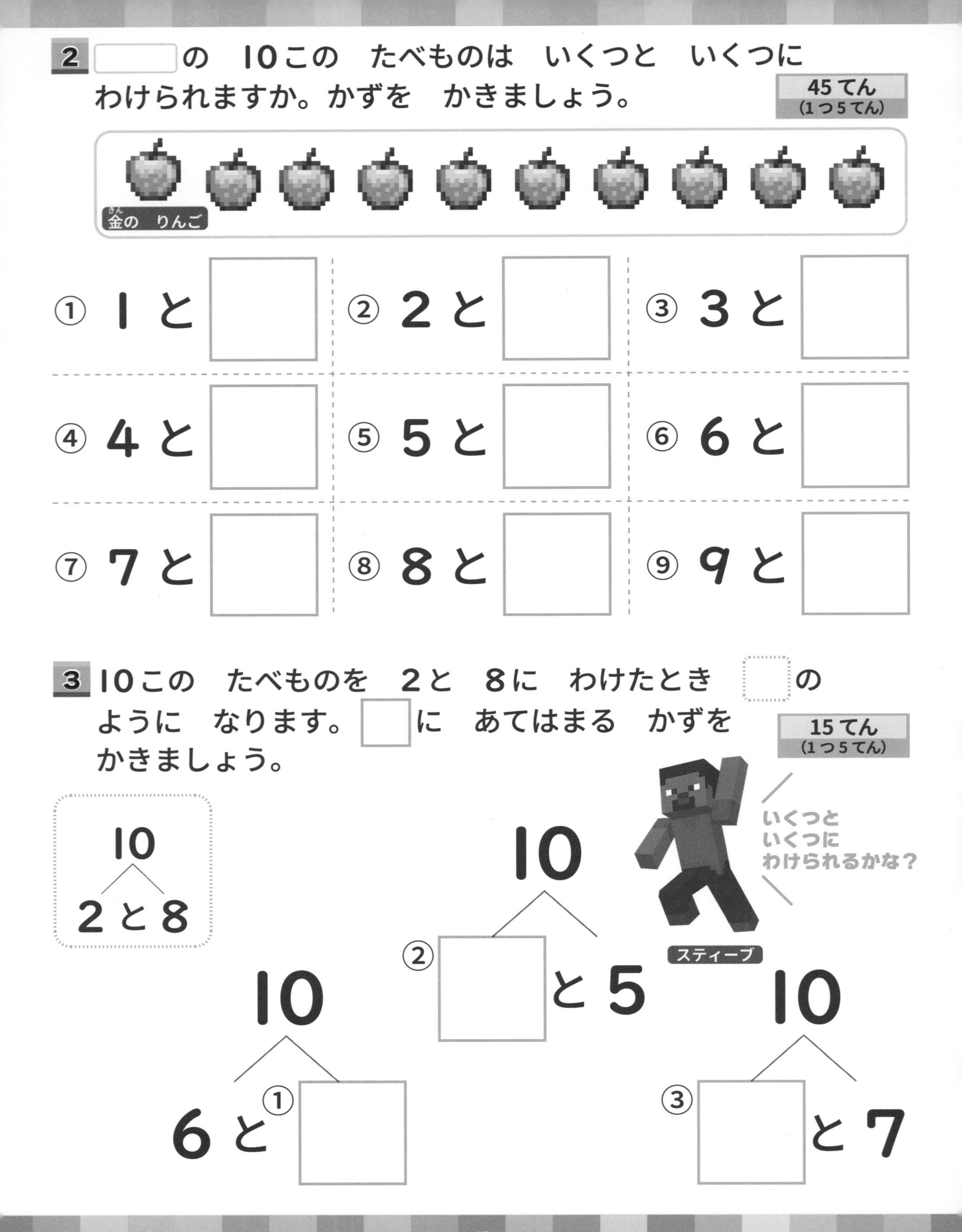

2 □ の 10この たべものは いくつと いくつに わけられますか。かずを かきましょう。

45てん（1つ5てん）

① 1と □　② 2と □　③ 3と □

④ 4と □　⑤ 5と □　⑥ 6と □

⑦ 7と □　⑧ 8と □　⑨ 9と □

3 10この たべものを 2と 8に わけたとき □ の ように なります。□ に あてはまる かずを かきましょう。

15てん（1つ5てん）

まとめの　ミニテスト

がつ 月　にち 日

てん

やったね
シールを
はろう

3～18 ページで　学(がく)しゅうした　もんだいを　おさらいしましょう。

1 モンスターが　あつまって　います。

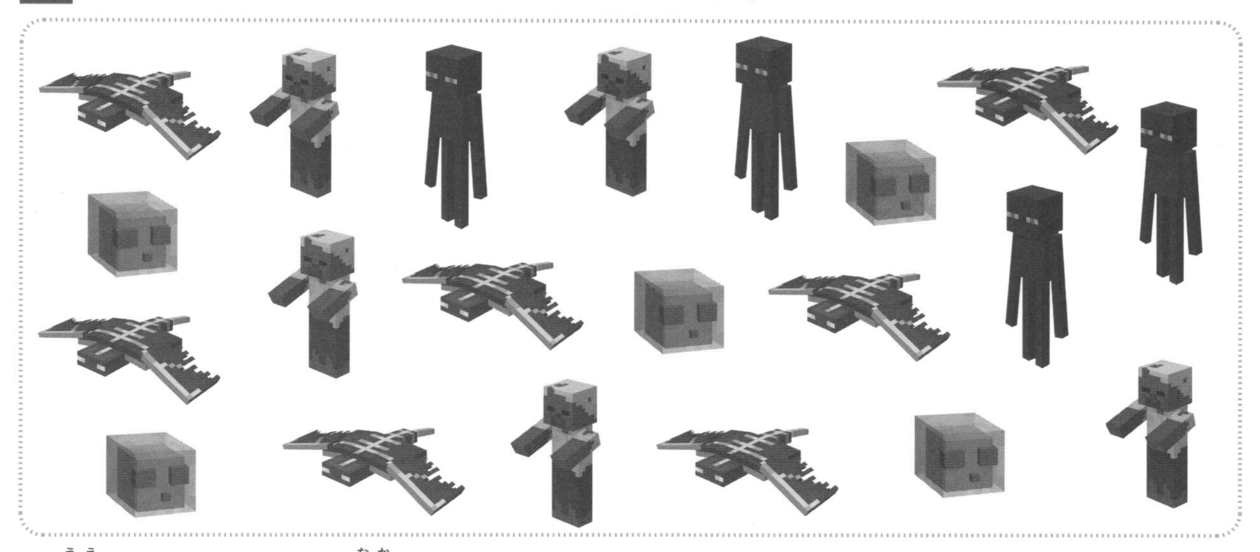

①上(うえ)の　[　]の　中(なか)に　いる　それぞれの　モンスターの
かずを　かきましょう。

20 てん
（1つ5てん）

ハスク　［　　］　ファントム　［　　］　エンダーマン　［　　］　スライム　［　　］

②おなじ　かずの　モンスターは　どれと　どれですか。

10 てん

（　　　　　　　　）と（　　　　　　　　）

③ 1 ばん　かずの　おおい　モンスターは　どれですか。

10 てん

（　　　　　　　　）

2 ねったいぎょ と フグ が あわせて 7ひきに なるように $\overset{せん}{—}$ で つなぎましょう。

30てん

ねったいぎょ

フグ

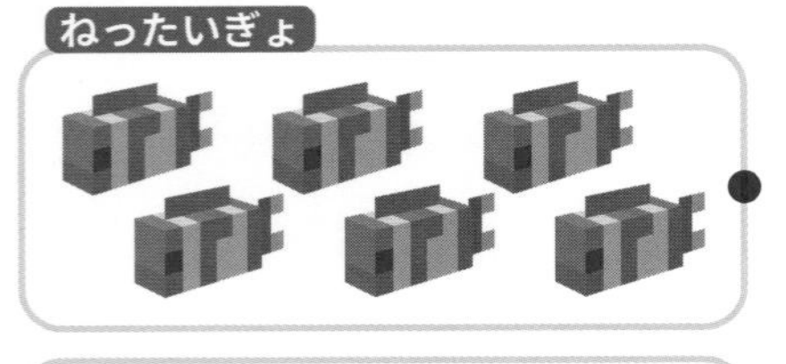

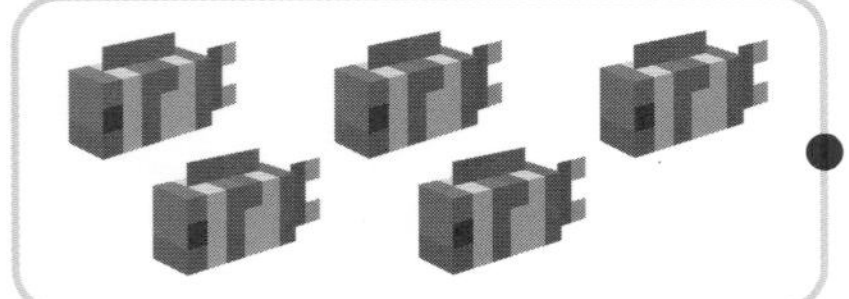

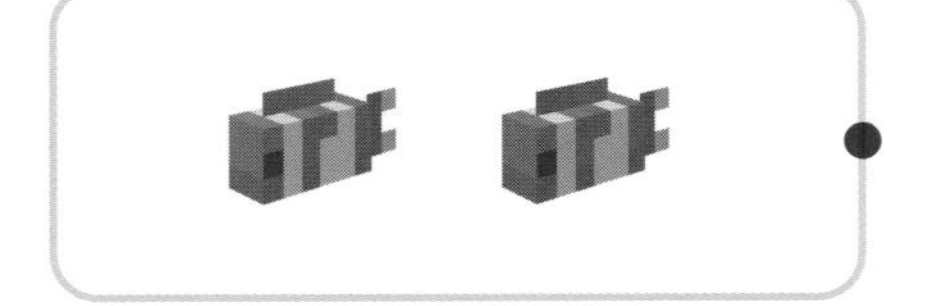

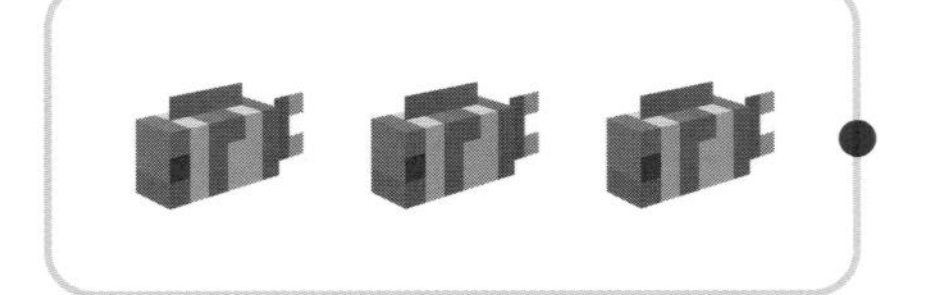

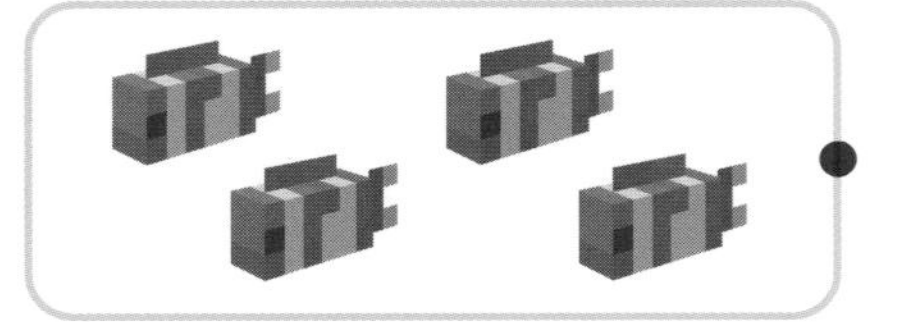

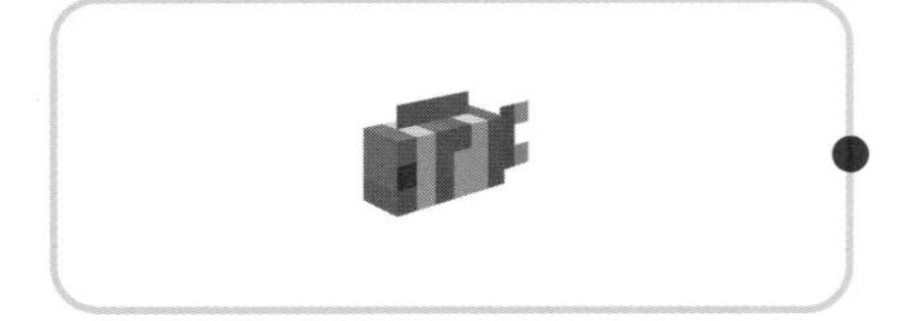

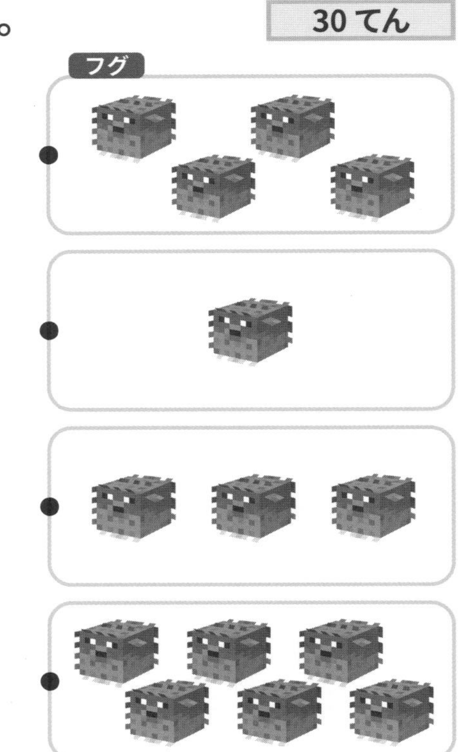

3 □ に あてはまる かずを かきましょう。

30てん
(1つ10てん)

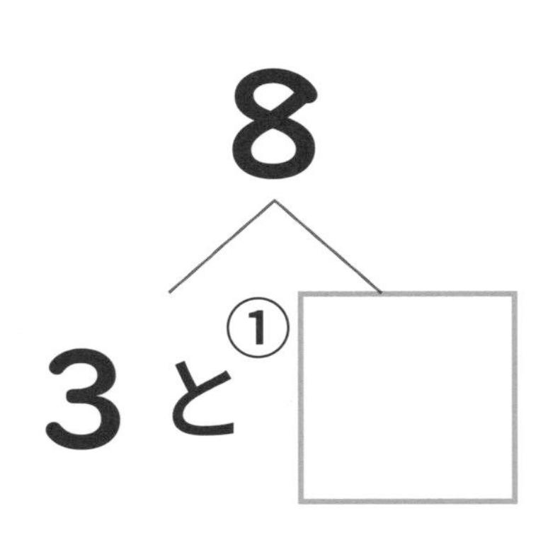

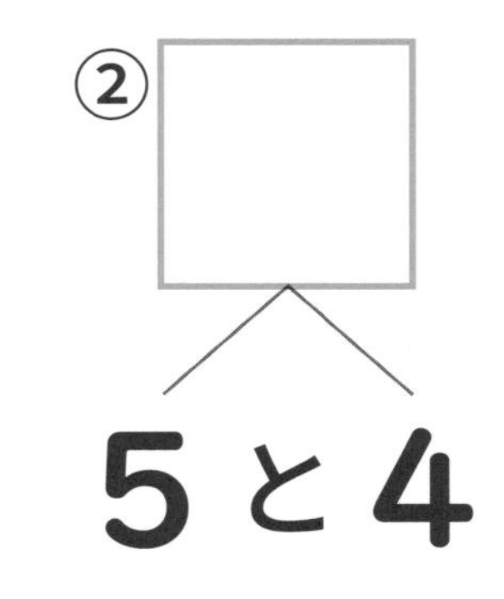

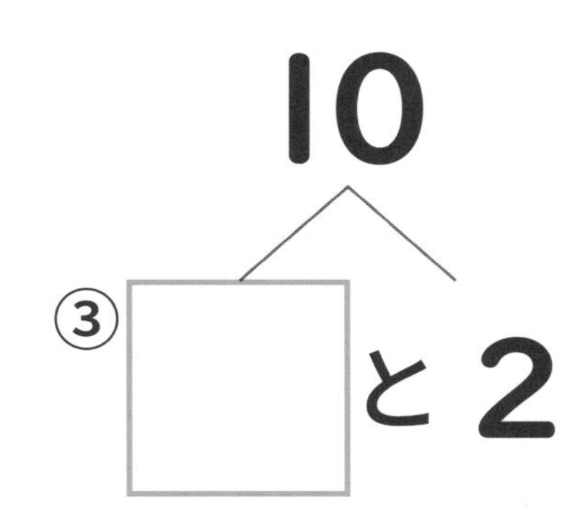

アイテムを　あわせたら？

がつ 月　にち 日　てん

やったね シールを はろう

アレックスが　ゆみやを　2つ　あつめました。さらに
ツルハシを　1つ　あつめました。アイテムは　あわせて
3つに　なりました。

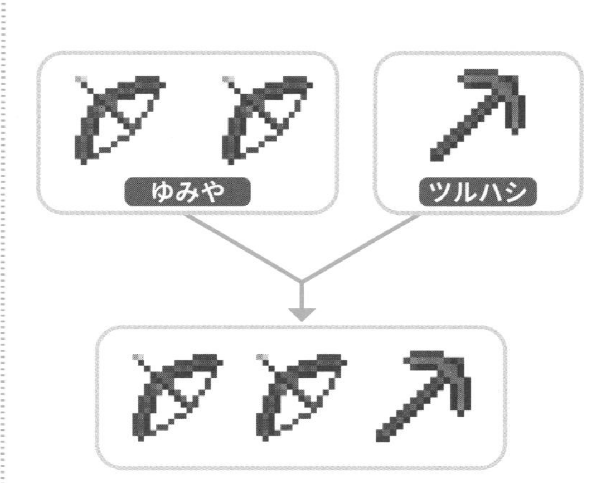

はじめに
ゆみやを
あつめたよ！

アレックス

けいさんしきは

2 ＋ 1 ＝ 3

と　なります。
これが　たしざんの　しきです。

1 アイテムは　あわせて　いくつに　なりますか。□に
あてはまる　かずを　かきましょう。

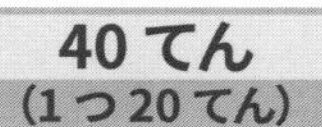

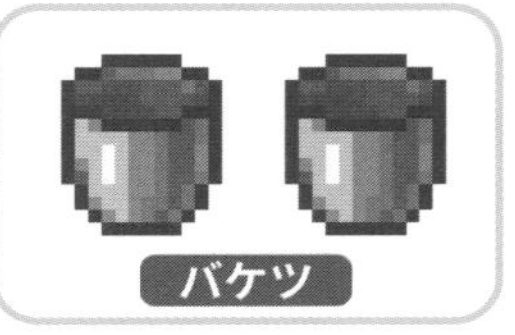

2 アイテムは　あわせて　いくつに　なりますか。たしざんの　しきを　かきましょう。

60 てん
(1つ 15 てん)

〈れい〉

(しき)

$$2 + 2 = 4$$

①

(しき)

②

(しき)

③

(しき)

④

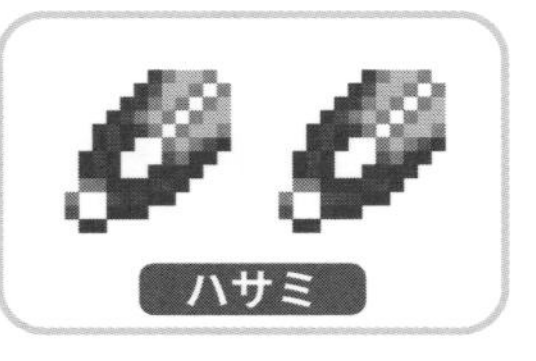

(しき)

たべものが ふえたら？

やったね シールを はろう

月 日

てん

ムーシュルームが きのこを 3つ あつめました。
さらに 2つ あつめて きのこは 5つに ふえました。

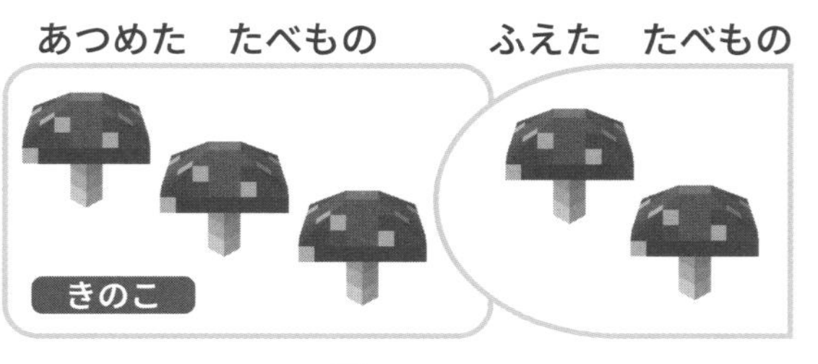

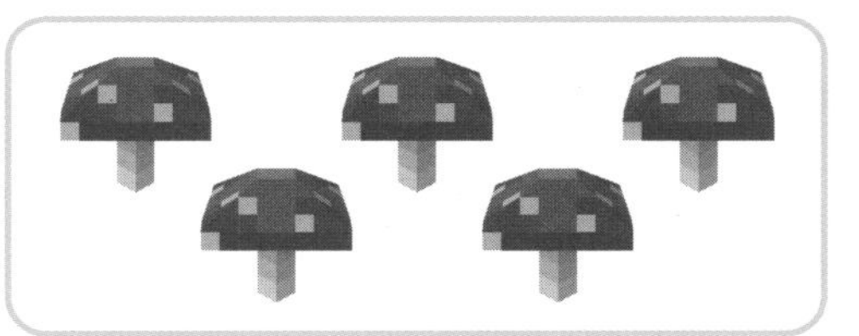

けいさんしきは

3 ＋ 2 ＝ 5

と なります。

1 たべものは ふえると いくつに なりますか。□に あてはまる かずを かきましょう。

40てん（1つ20てん）

①

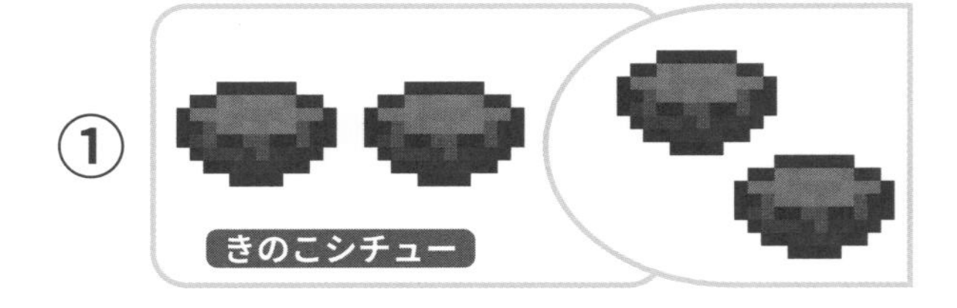

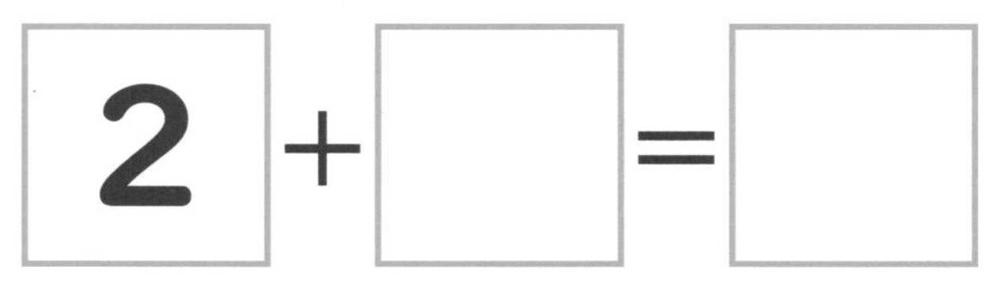

2 ＋ □ ＝ □

②

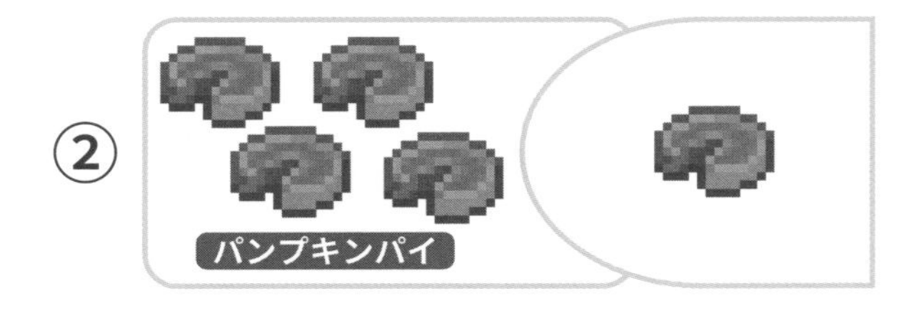

□ ＋ □ ＝ □

2 たべものは　ふえると　いくつに　なりますか。たしざんの　しきを　かきましょう。

60 てん（1 つ 15 てん）

〈れい〉

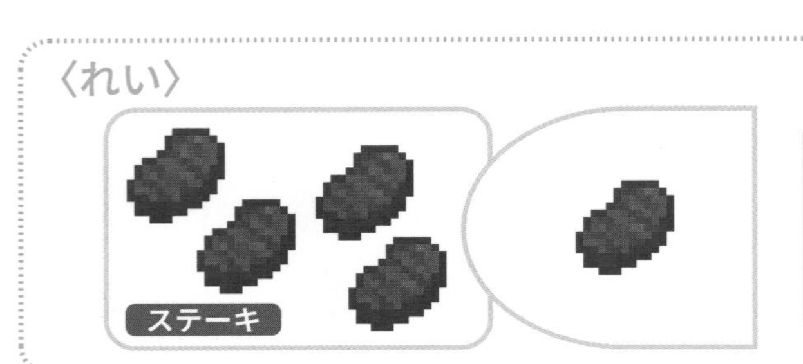

（しき）

$4 + 1 = 5$

①

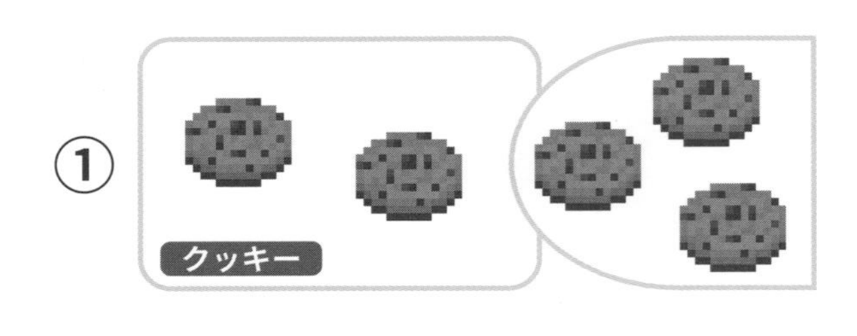

（しき）

②

ベイクドポテト

（しき）

③

（しき）

④

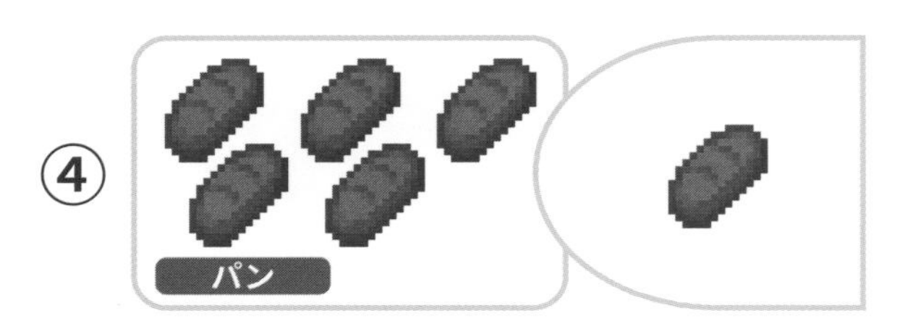

（しき）

12

モンスターが　やって　きた

やったね シールを はろう

月　日

てん

1 ウィザーが　２たい　やって　きました。そこに
ストライダーが　４たい　やって　きました。モンスターは
ぜんぶで　なんたいですか。□に　あてはまる　かずと
（　　）に　こたえを　かきましょう。

20 てん

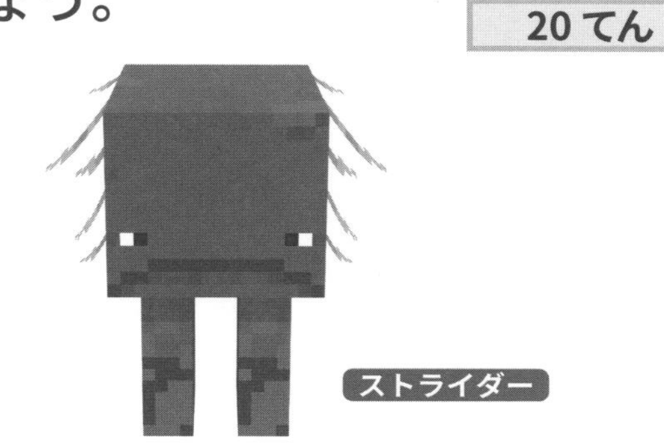

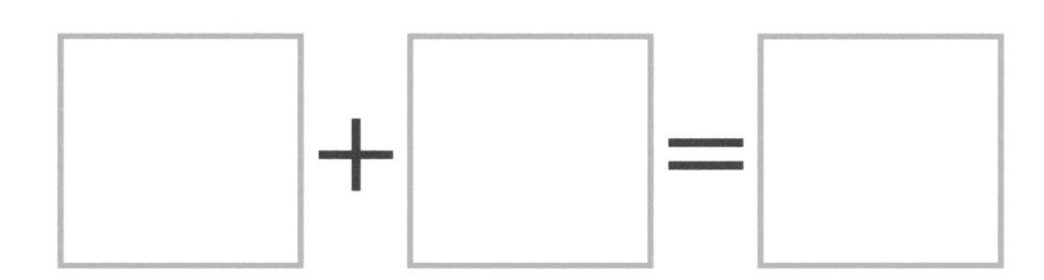

こたえ（　　　）たい

2 ファントムが　４たい　やって　きました。さらに　３たいの
ファントムが　やって　きました。ぜんぶで　なんたいですか。
たしざんの　しきと　（　　）に　こたえを　かきましょう。

20 てん

（しき）

こたえ（　　　）たい

3 たしざんの　こたえを　かきましょう。

30てん
(1つ5てん)

① $3 + 2 =$ □　　② $4 + 1 =$ □

③ $2 + 5 =$ □　　④ $3 + 3 =$ □

⑤ $4 + 2 =$ □　　⑥ $6 + 1 =$ □

4 こたえが　7に　なる　たしざんが　2つ　あります。
みつけて　○を　かきましょう。

30てん
(1つ15てん)

ぜんぶの　たしざんの
こたえを　出して　みよう！

$4 + 2$	$2 + 3$	$3 + 4$
(ア)(　　)	(イ)(　　)	(ウ)(　　)
$2 + 5$	$1 + 4$	$5 + 1$
(エ)(　　)	(オ)(　　)	(カ)(　　)

13 うみの　生(い)きもの

やったね
シールを
はろう

月　日

てん

1 カメが　4ひき　やって　きました。そこに　イカが　5ひき　やって　きました。うみの　生(い)きものは　ぜんぶで　なんびきですか。□に　あてはまる　かずと　（　　）に　こたえを　かきましょう。

20てん

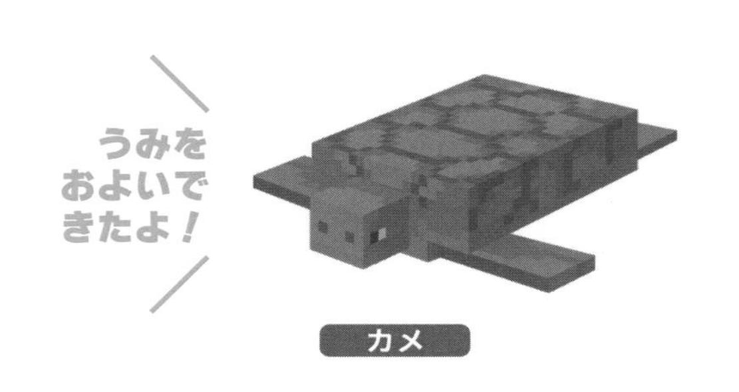

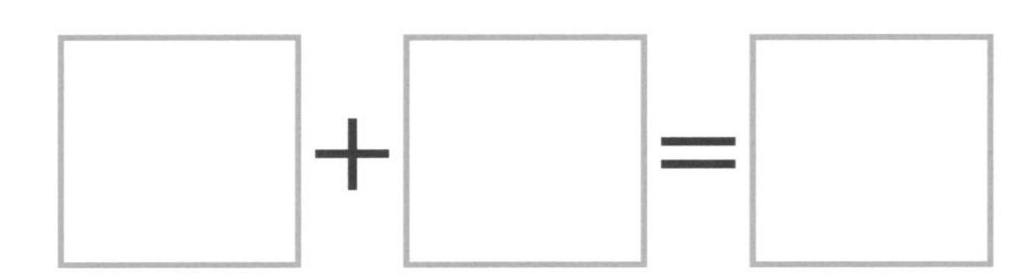

□＋□＝□

こたえ（　　　）ひき

2 イルカが　6とう　やって　きました。さらに　4とうの　イルカが　やって　きました。ぜんぶで　なんとうですか。たしざんの　しきと　（　　）に　こたえを　かきましょう。

20てん

（しき）

こたえ（　　　）とう

3 たしざんの　こたえを　かきましょう。

30 てん
(1つ5てん)

① $5 + 3 =$ □　② $4 + 4 =$ □

③ $6 + 3 =$ □　④ $2 + 8 =$ □

⑤ $3 + 7 =$ □　⑥ $7 + 2 =$ □

4 おなじ　こたえに　なる　たしざんを　せん（——）で つなぎましょう。

30 てん

2 + 6	5 + 5	3 + 6
8 + 1	8 + 2	3 + 5

たべものが　へったら？

やったね
シールを
はろう

月　日

てん

じゃがいもが　5つ　あります。スティーブが　2つ
つかったら　のこりは　3つに　なりました。

じゃがいもは　ぜんぶで　5つ。

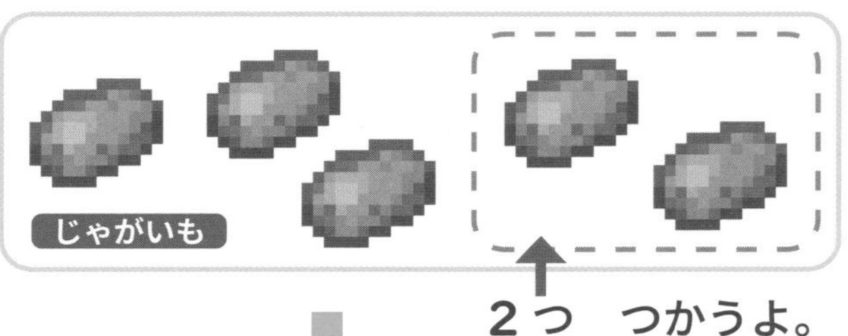

2つ　つかうよ。

けいさんしきは

5 － 2 ＝ 3

と　なります。
これが　ひきざんの　しきです。

1 たべものは　□の　ものが　へると　いくつに　なりますか。
□に　あてはまる　かずを　かきましょう。

40てん
(1つ20てん)

①

これが　へるよ！

②

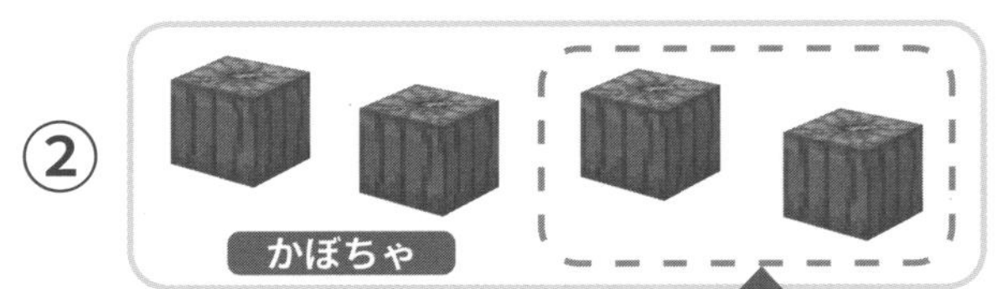

これが　へるよ！

2 たべものは ［　］の ものが へると いくつに なりますか。
ひきざんの しきを かきましょう。

60 てん
(1 つ 15 てん)

〈れい〉

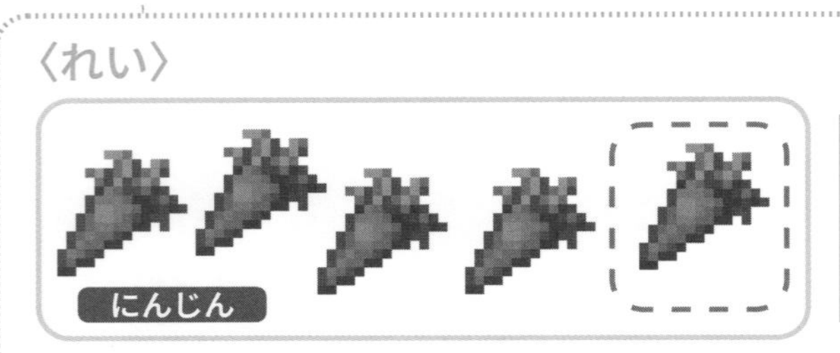

(しき)

5 − 1 = 4

①

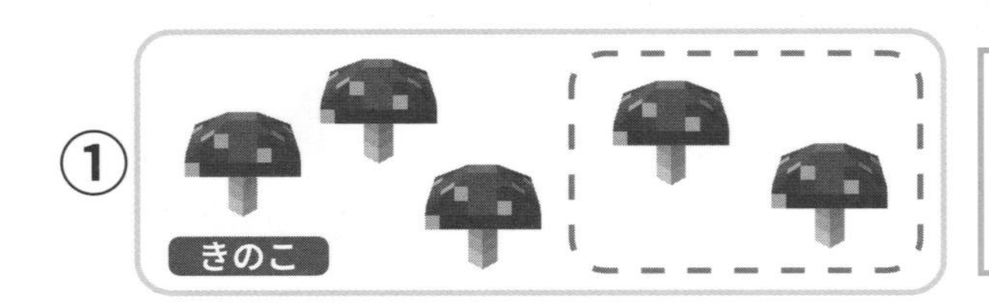

(しき)

②

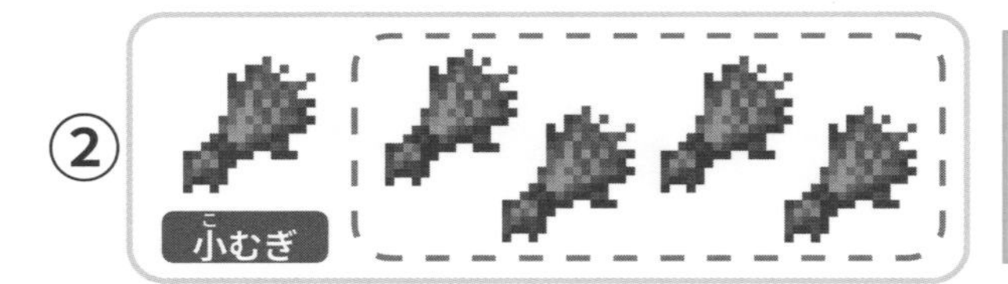

(しき)

③

ビートルート

(しき)

④

カカオの まめ

(しき)

アイテムの　かずの　ちがい

やったね
シールを
はろう

はさみが　6つ　ランタンが　4つ　あります。はさみと
ランタンの　かずの　ちがいは　2つです。

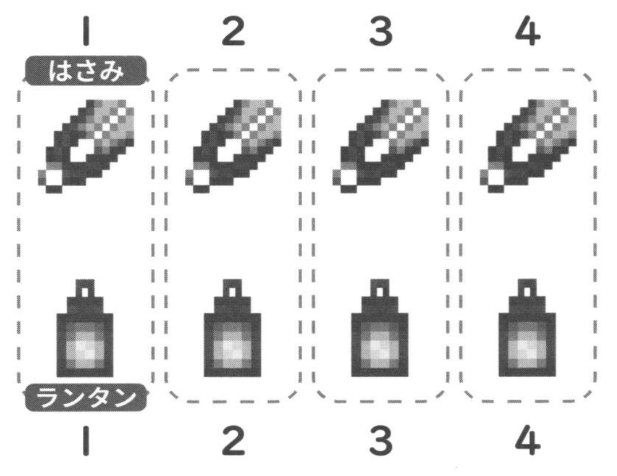

かずの　ちがいは　2つ。

はさみの　ほうが
2つ　おおいね！

けいさんしきは

6 － 4 ＝ 2 と　なります。

1 □の　2つの　アイテムの　かずの　ちがいは
いくつですか。けいさんしきの　□に　あてはまる
かずを　かきましょう。

40 てん
(1つ 20 てん)

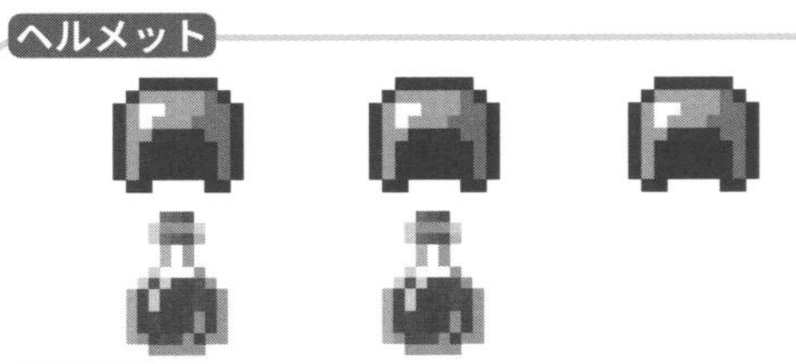

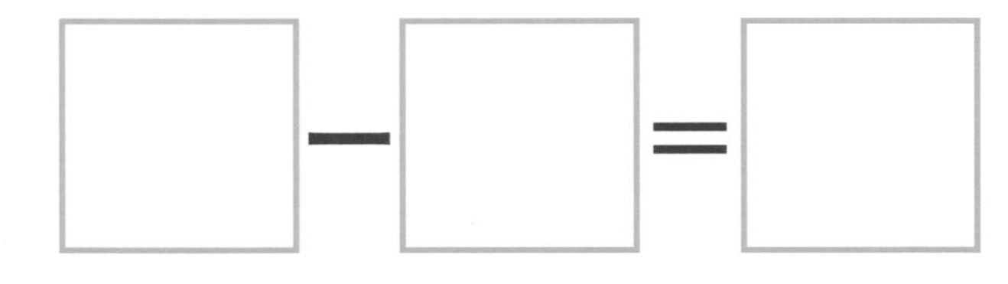

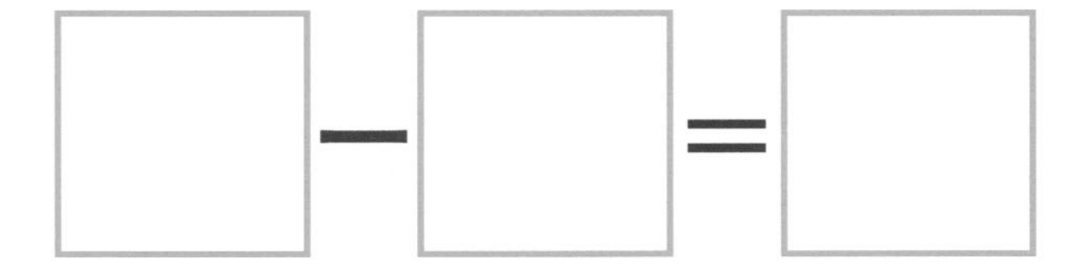

2 ［　］の　2つの　アイテムの　かずの　ちがいは　いくつですか。ひきざんの　しきを　かきましょう。

60てん（1つ15てん）

〈れい〉

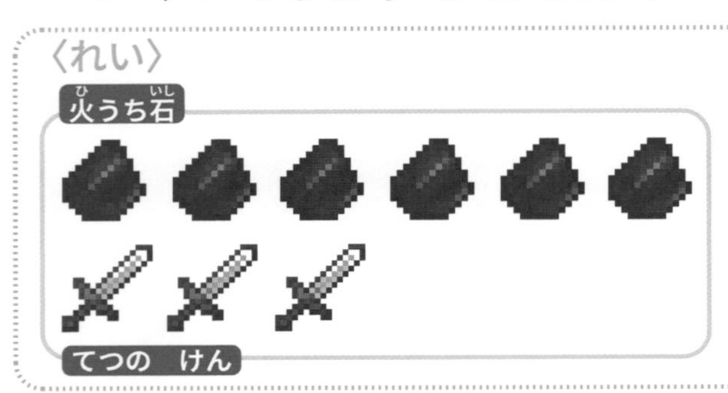

（しき）

6 − 3 = 3

①
本
かわの　ぼうし

（しき）

②
たて
プレート

（しき）

③
つりざお
かわ

（しき）

④
コンパス
ツルハシ

（しき）

モンスターを　たおせ！

やったね
シールを
はろう

てん

1 ゾンビピグリンが　6たい　やって　きました。そのうち　2たいを　たおしました。ゾンビピグリンは　なんたい　のこりましたか。□に　あてはまる　かずと　（　　）に　こたえを　かきましょう。

20てん

□ － □ ＝ □

こたえ（　　　）たい

2 ヴィンディケーターが　5たいと　エヴォーカーが　3たい　やって　きました。ヴィンディケーターと　エヴォーカーの　かずの　ちがいは　なんたいですか。ひきざんの　しきと　（　　）に　こたえを　かきましょう。

20てん

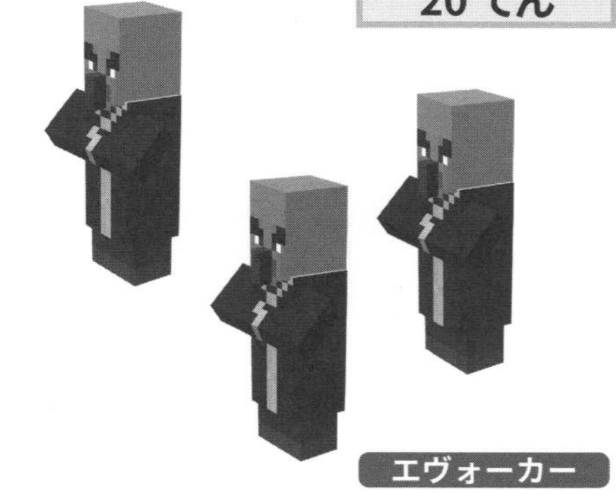

（しき）

こたえ（　　　）たい

3 ひきざんの　こたえを　かきましょう。

30 てん
(1つ5てん)

① 5 − 3 = □　　② 6 − 1 = □

③ 6 − 5 = □　　④ 5 − 2 = □

⑤ 7 − 3 = □　　⑥ 7 − 4 = □

4 こたえが　3に　なる　ひきざんが　2つ　あります。
みつけて　○を　かきましょう。

30 てん
(1つ15てん)

ぜんぶの　ひきざんの
こたえを　出(だ)して　みよう！

5 - 1	7 - 5	6 - 3
(ア)(　　)	(イ)(　　)	(ウ)(　　)
6 - 2	5 - 4	7 - 4
(エ)(　　)	(オ)(　　)	(カ)(　　)

生きものが　やって　きた

やったね
シールを
はろう

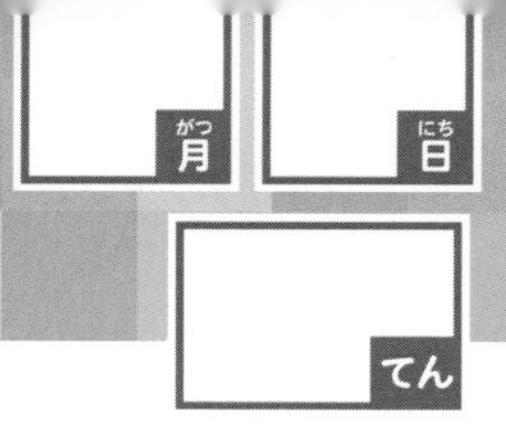

1 オオカミが　8ぴき　やって　きました。そのうち　3びきが　かえって　いきました。のこった　オオカミは　なんびきですか。□に　あてはまる　かずと（　）に　こたえを　かきましょう。

20てん

こたえ（　　　）ひき

2 ラクダが　10とうと　ラマが　5とう　やって　きました。ラクダと　ラマの　かずの　ちがいは　なんとうですか。ひきざんの　しきと（　）に　こたえを　かきましょう。

20てん

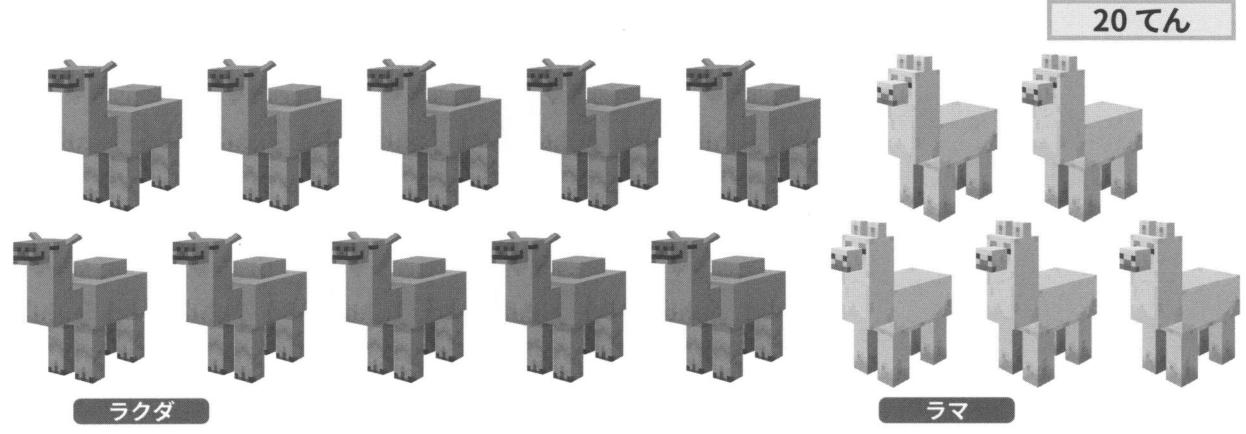

（しき）

こたえ（　　　）とう

3 ひきざんの　こたえを　かきましょう。

30 てん
（1つ5てん）

① $8-5=$ □

② $9-2=$ □

③ $9-7=$ □

④ $8-3=$ □

⑤ $10-3=$ □

⑥ $10-5=$ □

4 おなじ　こたえに　なる　ひきざんを　せん（——）で　つなぎましょう。

30 てん

上（うえ）と　下（した）で　おなじ　こたえに　なる　ひきざんが　あるよ！

スティーブ

9 − 3	10 − 6	9 − 6

10 − 7	10 − 4	8 − 4

まとめの　ミニテスト

てん

やったね
シールを
はろう

21～36ページで　学しゅうした　もんだいを　おさらいしましょう。

1 モンスターは　ふえると　いくつに　なりますか。□に
あてはまる　かずを　かきましょう。

40てん
(1つ20てん)

①
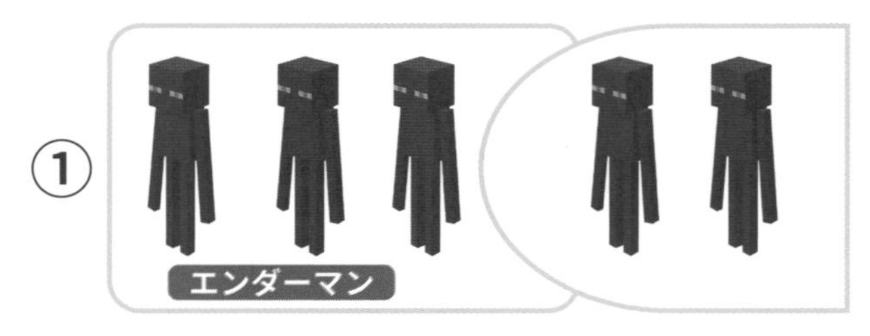

②
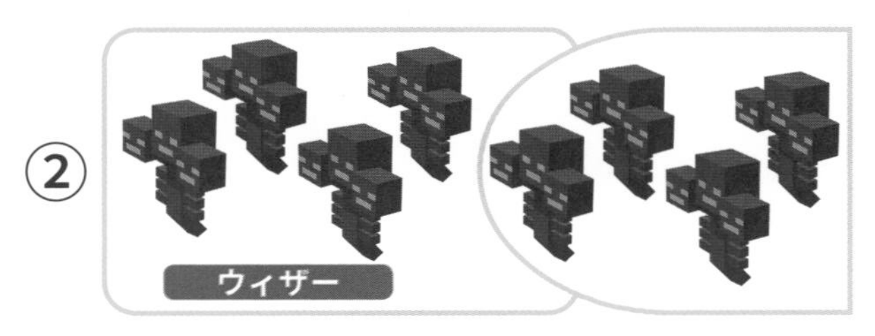

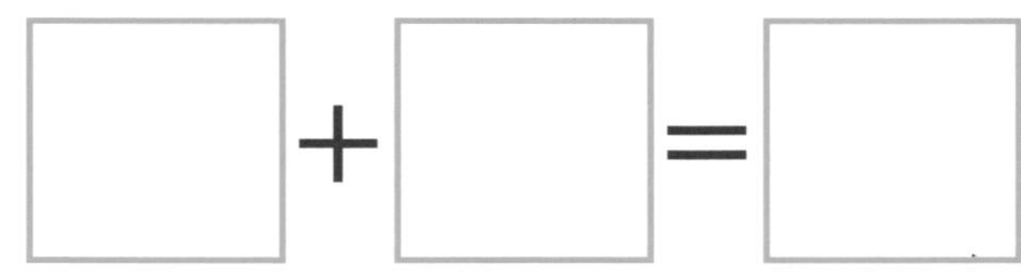

2 ストライダーが　6たい　やって　きました。さらに
3たいの　ストライダーが　やって　きました。ぜんぶで
なんたいですか。たしざんの　しきと　(　　)に　こたえを
かきましょう。

20てん

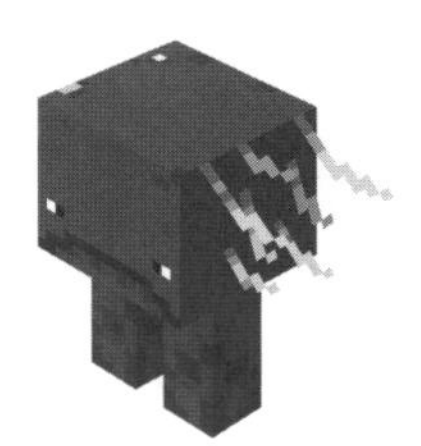
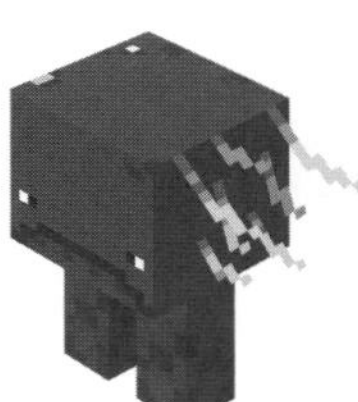
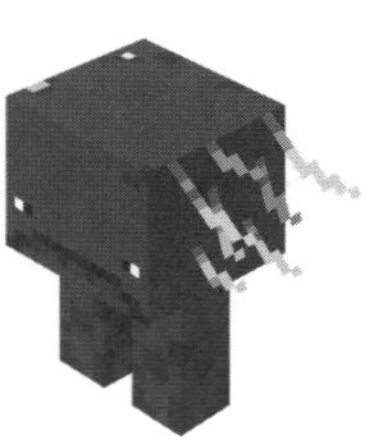
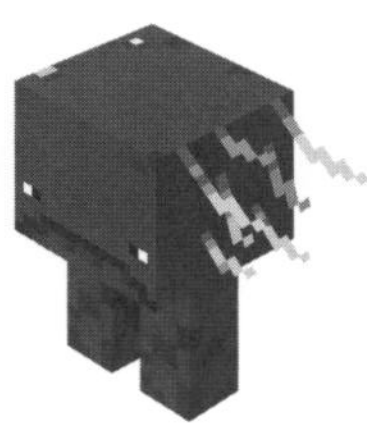
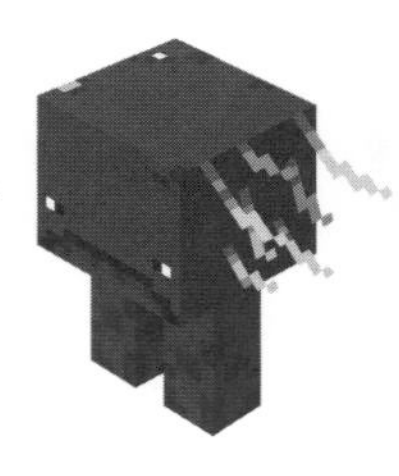
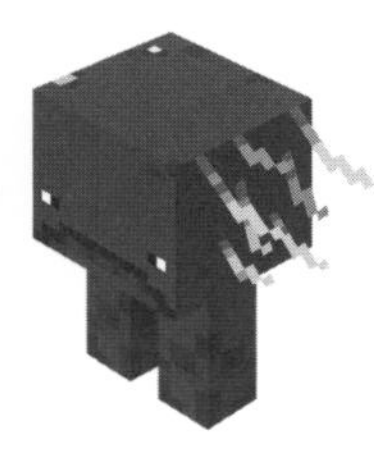

ストライダー

(しき)

こたえ (　　　　)たい

3 アレックスが　エメラルドを　さがしに　いきます。こたえが5に　なる　ひきざんの　しきを　えらんで　スタートからゴールまで　せん(線)を　ひきながら　すすみましょう。おなじみちは　とおれません。

40てん

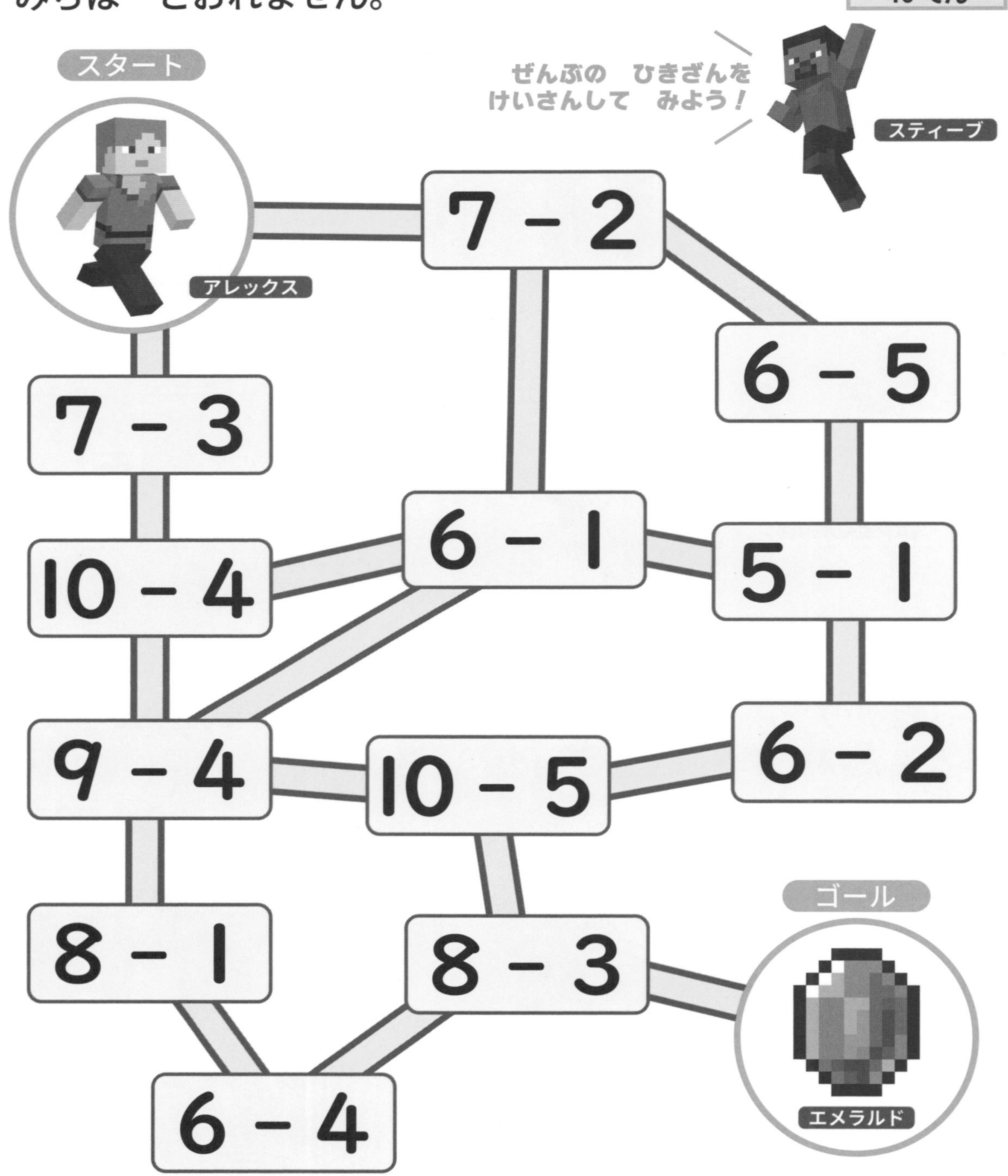

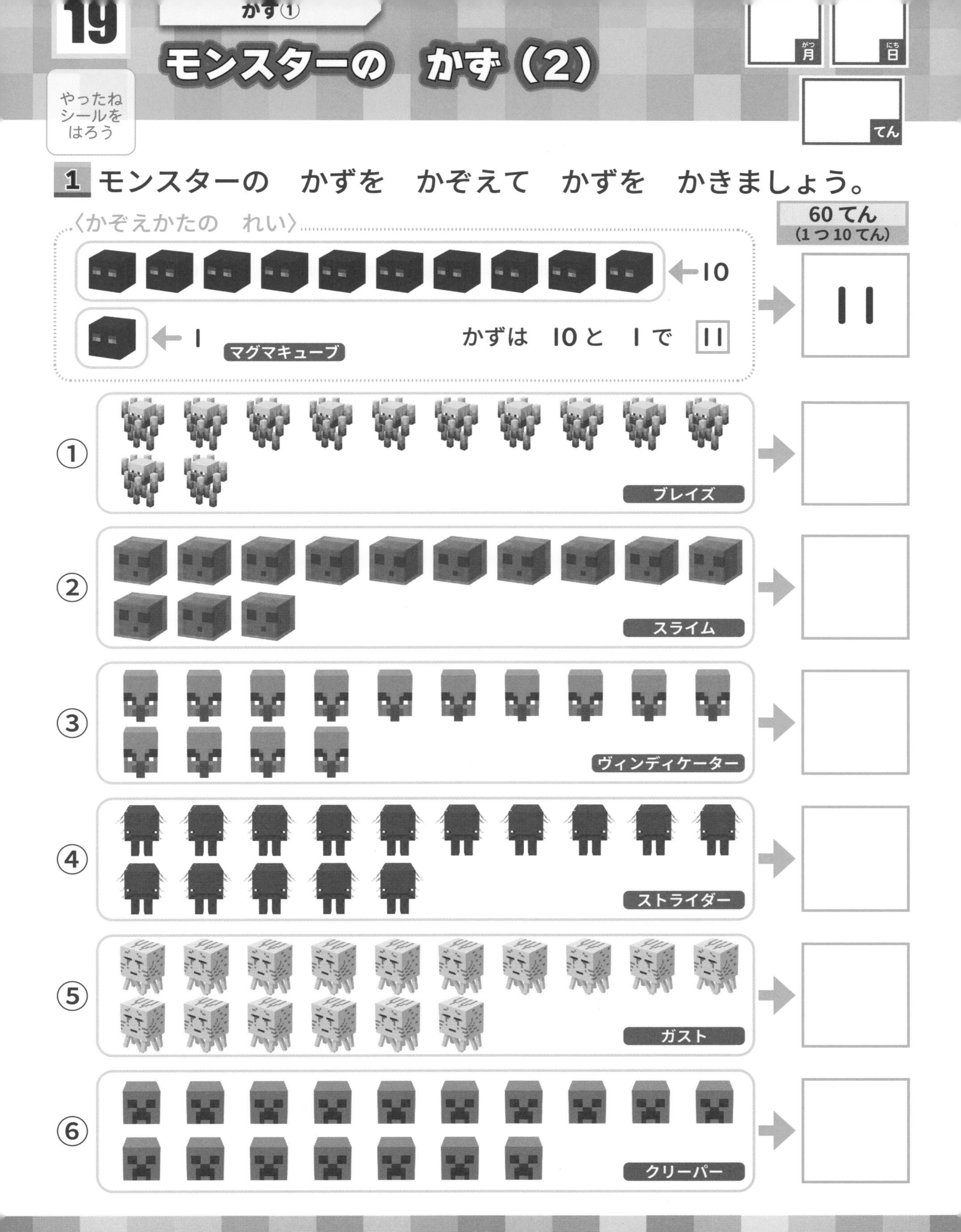
19
かず①
モンスターの　かず（2）
やったね シールを はろう
がつ 月
にち 日
てん
1 モンスターの　かずを　かぞえて　かずを　かきましょう。
60 てん
（1つ 10 てん）
〈かぞえかたの　れい〉
10
1
マグマキューブ
かずは　10と　1で　11
11
①
ブレイズ
②
スライム
③
ヴィンディケーター
④
ストライダー
⑤
ガスト
⑥
クリーパー
39

2 おなじ　かずを　線(せん)で　つなぎましょう。

40てん

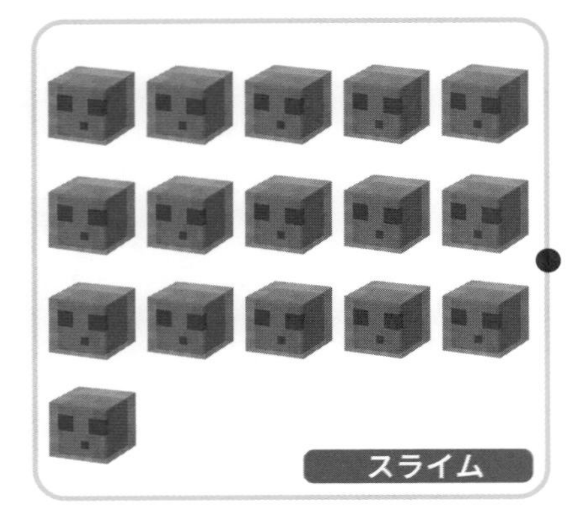

アイテムを　あつめよう

月　日

てん

やったね
シールを
はろう

1 アイテムの　かずを　かぞえて　かずを　かきましょう。

30 てん
(1つ 10 てん)

①

石の　けん → □

②

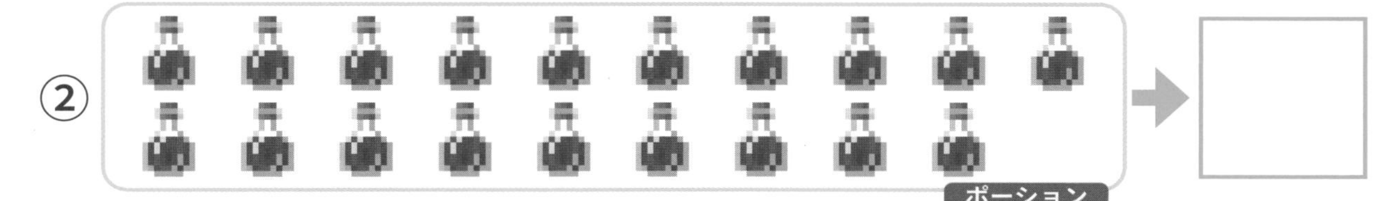

ポーション → □

③

てつの　おの → □

2 11 から　20 まで　かずが　1 つずつ　大きく　なる
ように　——で　つなぎましょう。

20 てん

11　15　18　12　17　19　14　13　16　20

かずが　1 つずつ
大きく　なる
ようにね！

アレックス

3 スティーブが　アイテムを　あつめて　います。
◯の　かずに　なるには　あと　いくつ　ひつようですか。
かずを　かきましょう。

50 てん
(1つ10てん)

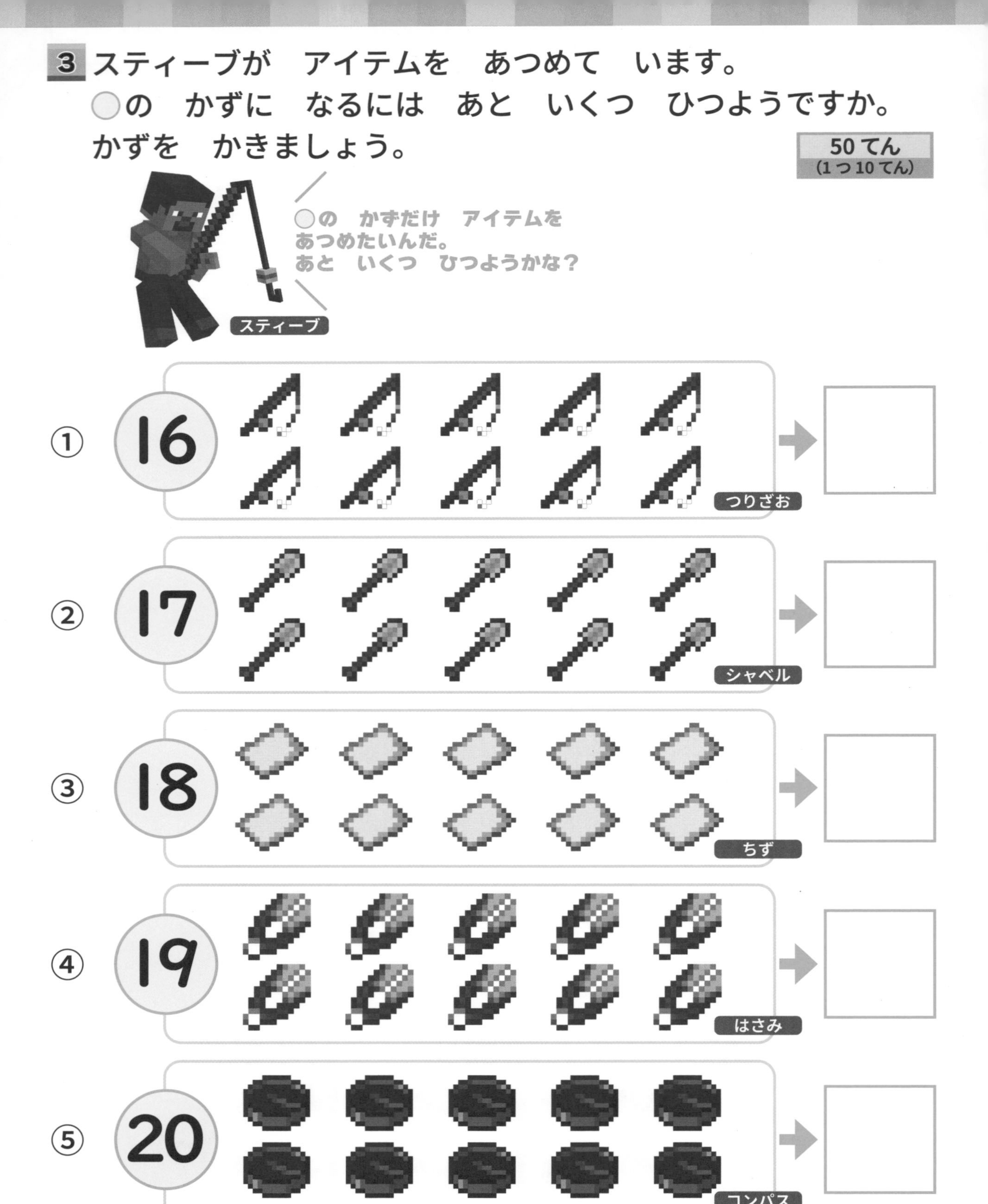

ゾンビたちが　やって　きた

やったね
シールを
はろう

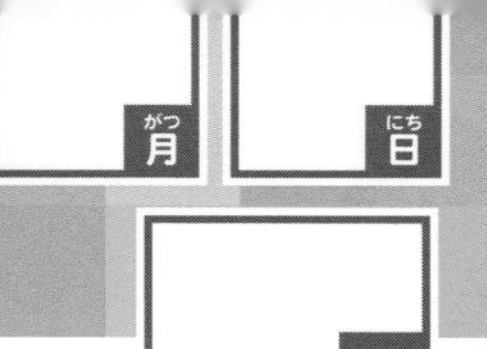

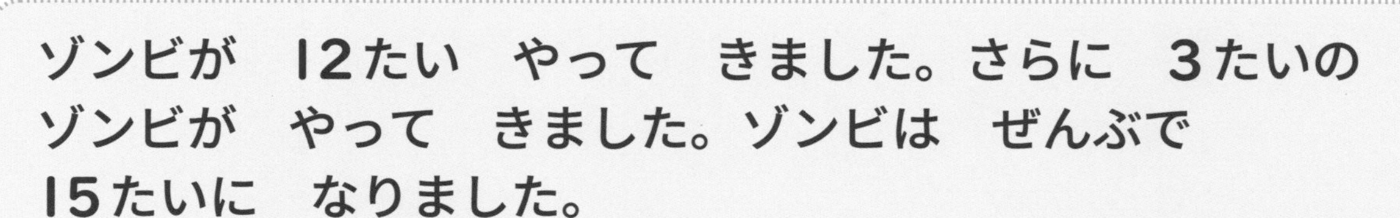

ゾンビが　12たい　やって　きました。さらに　3たいの
ゾンビが　やって　きました。ゾンビは　ぜんぶで
15たいに　なりました。

たしざんの　しきは　12 + 3 = 15　です。

けいさんの　しかたを　かんがえて　みましょう。

12を　10と　2に　わけます。

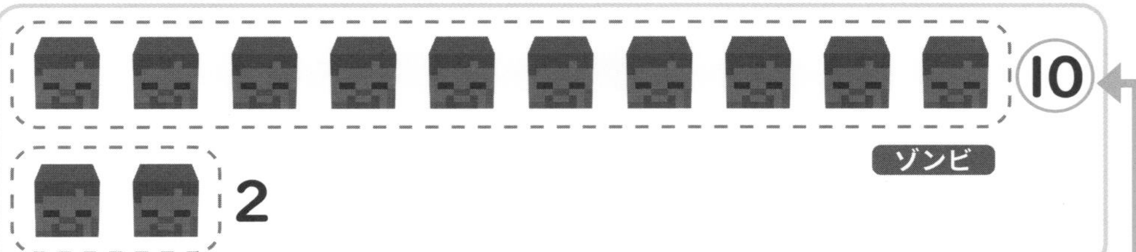

さらに　3たい　やって　くると…。

2 + 3 = 5

10と　5で　15

こたえ（　15　）たい

1 村人ゾンビが　11たい　やって　きました。さらに
5たいの　村人ゾンビが　やって　きました。村人ゾンビは
ぜんぶで　なんたいですか。□に　あてはまる　かずと
（　　）に　こたえを　かきましょう。

30てん

村人ゾンビ

こたえ（　　　）たい

2 ドラウンドが　13 たい　やって　きました。さらに 3 たいの　ドラウンドが　やって　きました。ぜんぶで なんたいですか。たしざんの　しきと（　）に　こたえを かきましょう。

30 てん

（しき）

こたえ（　　　）たい

3 たしざんの　こたえを　かきましょう。

40 てん（1 つ 5 てん）

① $10+6=$ □

② $11+4=$ □

③ $11+5=$ □

④ $13+3=$ □

⑤ $15+2=$ □

⑥ $16+1=$ □

⑦ $14+2=$ □

⑧ $14+3=$ □

小(ちい)さな 生(い)きもの

やったね シールを はろう

1 ミツバチが 14 ひき いました。さらに 4 ひきの ミツバチが やって きました。ミツバチは ぜんぶで なんびきですか。□に あてはまる かずと （　　）に こたえを かきましょう。

20 てん

こたえ（　　　）ひき

2 カエルが 16 ぴき いました。さらに 3 びきの カエルが やって きました。カエルは ぜんぶで なんびきですか。たしざんの しきと （　　）に こたえを かきましょう。

20 てん

（しき）

こたえ（　　　）ひき

3 たしざんの　こたえを　かきましょう。

30 てん
(1つ5てん)

① 11 ＋ 7 ＝ □　　② 13 ＋ 5 ＝ □

③ 12 ＋ 6 ＝ □　　④ 14 ＋ 5 ＝ □

⑤ 16 ＋ 3 ＝ □　　⑥ 17 ＋ 2 ＝ □

4 こたえが　18に　なる　たしざんが　3つ　あります。
みつけて　○を　かきましょう。

30 てん
(1つ10てん)

ぜんぶの　たしざんの
こたえを　出して　みよう！

アレックス

14 ＋ 4	13 ＋ 6	11 ＋ 8
(ア)(　　)	(イ)(　　)	(ウ)(　　)
15 ＋ 4	17 ＋ 1	16 ＋ 2
(エ)(　　)	(オ)(　　)	(カ)(　　)

さかなの　かず

やったね
シールを
はろう

スティーブが　サケを　14 ひき　つりました。そのうち
2 ひき　たべました。のこった　サケは　12 ひきです。

ひきざんの　しきは　14 － 2 ＝ 12 です。

けいさんの　しかたを　かんがえて　みましょう。

2ひき
たべたよ！

スティーブ

14を　10と　4に　わけます。

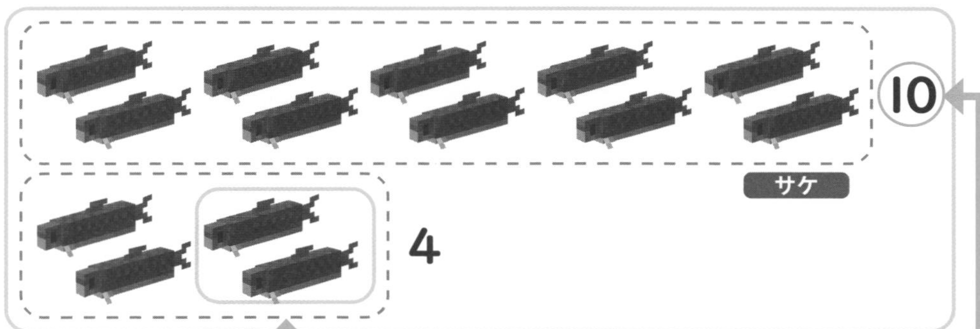

2ひき　たべると…。

4 － 2 ＝ 2

10と 2で

12

こたえ（ 12 ）ひき

1 アレックスが　タラを　15 ひき　つりました。そのうち
3 びき　たべました。のこった　タラは　なんびきですか。
□に　あてはまる　かずと　（　　）に　こたえを
かきましょう。

30 てん

3 びき
たべたよ！

アレックス

□ － □ ＝ □

こたえ（　　　）ひき

2 スティーブが　フグを　17 ひき　つりました。そのうち 4 ひき　たべました。のこった　フグは　なんびきですか。ひきざんの　しきと　（　　）に　こたえを　かきましょう。

30 てん

（しき）

こたえ（　　　）びき

3 ひきざんの　こたえを　かきましょう。

40 てん
（1 つ 5 てん）

① 12 − 1 ＝ □　　② 13 − 2 ＝ □

③ 14 − 3 ＝ □　　④ 15 − 3 ＝ □

⑤ 15 − 2 ＝ □　　⑥ 16 − 4 ＝ □

⑦ 17 − 3 ＝ □　　⑧ 17 − 5 ＝ □

24 しゅうかくした もの

やったね
シールを
はろう

月　日

てん

1 アレックスが　りんごを　18こ　しゅうかくしました。
そのうち　3こを　たべました。のこった　りんごは
なんこですか。□に　あてはまる　かずと（　　）に
こたえを　かきましょう。

20てん

りんご

18この　うち
3こを　たべたよ！

アレックス

□ − □ ＝ □

こたえ（　　　）こ

2 スティーブが　かぼちゃを　19こ　しゅうかくしました。
そのうち　6こを　たべました。のこった　かぼちゃは
なんこですか。ひきざんの　しきと（　　）に　こたえを
かきましょう。

20てん

かぼちゃ

（しき）

こたえ（　　　）こ

3 ひきざんの　こたえを　かきましょう。

30 てん
（1つ5てん）

① 17－3＝□　② 17－6＝□

③ 18－7＝□　④ 18－6＝□

⑤ 19－4＝□　⑥ 19－8＝□

4 おなじ　こたえに　なる　ひきざんを　――（せん）で　つなぎましょう。

30 てん

18－3	17－5	19－6
19－7	17－2	18－5

モンスターは ぜんぶで なんたい？

月 日

てん

やったね シールを はろう

1 エヴォーカーが 3 たい やって きました。そこに マグマキューブが 2 たい やって きました。さらに ホグリンが 1 たい やって きました。モンスターは ぜんぶで なんたいですか。□に あてはまる かずと（　）に こたえを かきましょう。

20 てん

3 ＋ 2 ＋ 1 ＝ □

こたえ（　　）たい

2 ファントムが 2 たい やって きました。そこに クリーパーが 4 たい やって きました。さらに ドラウンドが 3 たい やって きました。モンスターは ぜんぶで なんたいですか。□に あてはまる かずと（　）に こたえを かきましょう。

20 てん

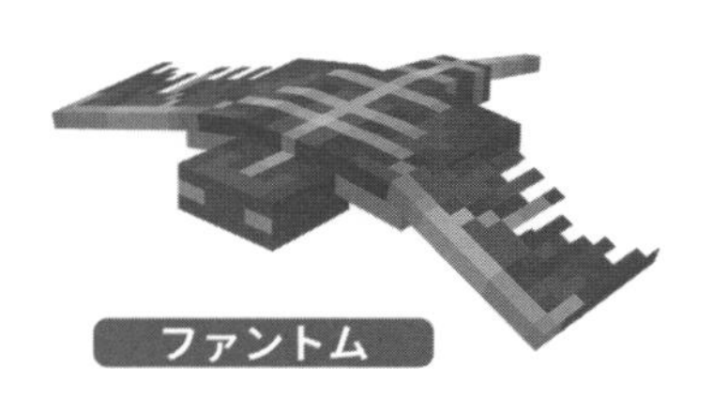

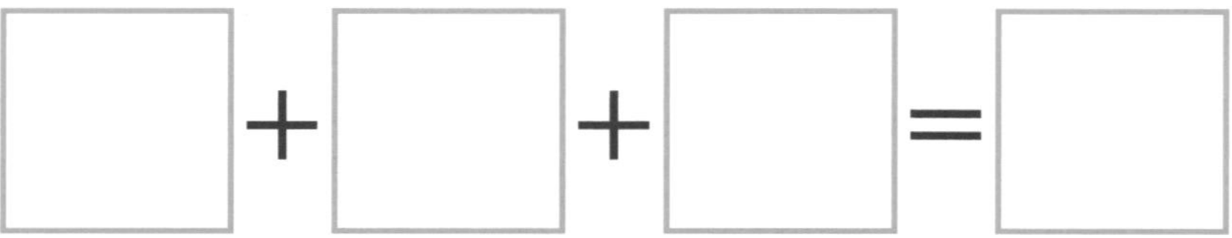

□ ＋ □ ＋ □ ＝ □

こたえ（　　）たい

3 ガストが　9たい　やって　きました。その　うち　3たいが　いなくなりました。さらに　4たいが　いなくなりました。のこった　ガストは　なんたいですか。□に　あてはまる　かずと　（　　）に　こたえを　かきましょう。　20てん

9 － 3 － 4 ＝ □

こたえ（　　　）たい

4 ストレイが　10たい　やって　きました。その　うち　5たいが　いなくなりました。さらに　2たいが　いなくなりました。のこった　ストレイは　なんたいですか。□に　あてはまる　かずと　（　　）に　こたえを　かきましょう。　20てん

□ － □ － □ ＝ □

こたえ（　　　）たい

5 ウィッチが　10たい　やって　きました。その　うち　2たいが　いなくなりました。さらに　6たいが　いなくなりました。のこった　ウィッチは　なんたいですか。ひきざんの　しきと　（　　）に　こたえを　かきましょう。　20てん

（しき）

こたえ（　　　）たい

たべものは　ぜんぶで　いくつ？

やったね
シールを
はろう

1 スティーブが　小むぎを　5 たば　しゅうかくしました。
さらに　小むぎを　5 たば　しゅうかくしました。その　うち
3 たばを　たべました。のこった　小むぎは　なんたばですか。
□に　あてはまる　かずと（　　）に　こたえを
かきましょう。

20 てん

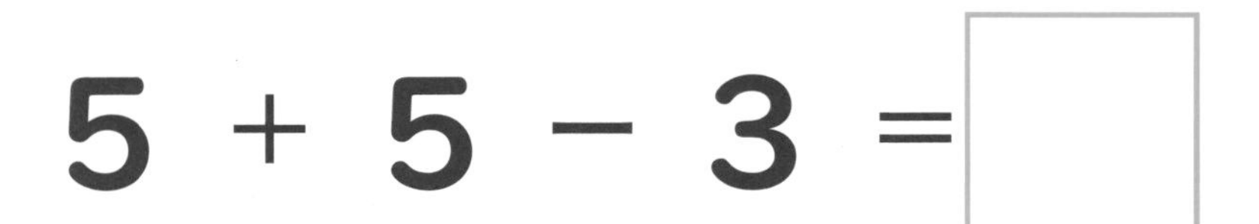

小むぎ

こたえ（　　　）たば

2 アレックスが　にんじんを　4 本　しゅうかくしました。
そのうち　2 本　たべました。そのあと　また　にんじんを
3 本　しゅうかくしました。のこった　にんじんは
なん本ですか。□に　あてはまる　かずと（　　）に
こたえを　かきましょう。

20 てん

はじめに　4 本
しゅうかくしたよ！

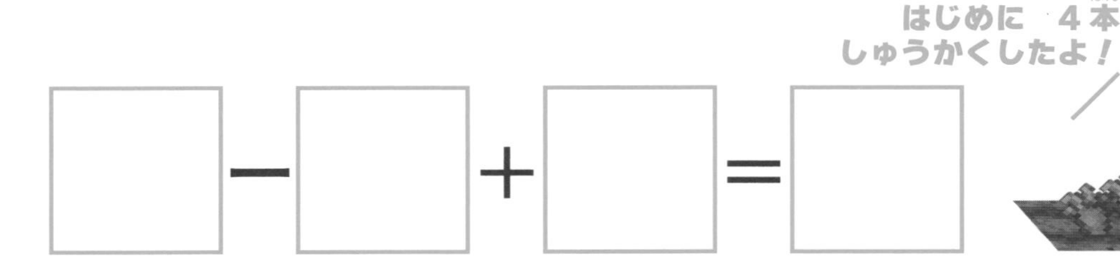

アレックス

こたえ（　　　）本

3 スティーブが　サトウキビを　6本　しゅうかくしました。さらに　サトウキビを　4本　しゅうかくしました。そのうち　5本を　たべました。のこった　サトウキビはなん本ですか。けいさんしきと　（　　）に　こたえをかきましょう。

20てん

（しき）

こたえ（　　　）本

4 けいさんを　しましょう。

40てん
（1つ10てん）

① $8-5+6=\square$

② $7+3-4=\square$

③ $10-5+3=\square$

④ $6+4-8=\square$

まとめの　ミニテスト

やったね
シールを
はろう

39 〜 54 ページで　学しゅうした　もんだいを　おさらいしましょう。

1 どうぶつを　◯の　かずに　するには　あと　なんとう
ひつようですか。かずを　かきましょう。

30 てん
(1 つ 10 てん)

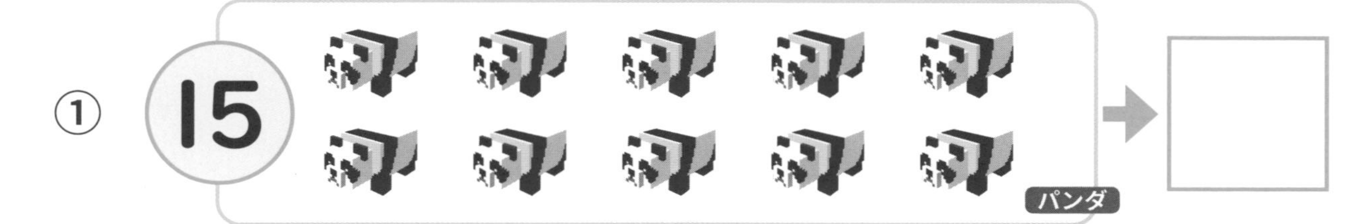

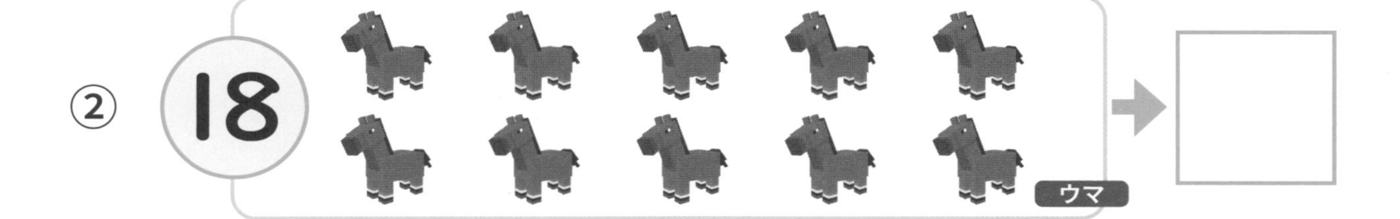

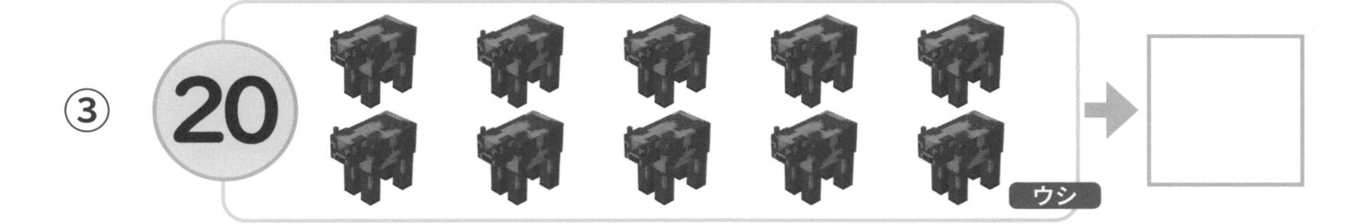

2 ブタが　13 とう　いました。さらに　5 とうの　ブタが
やって　きました。ブタは　ぜんぶで　なんとうですか。
□に　あてはまる　かずと　(　　)に　こたえを
かきましょう。

20 てん

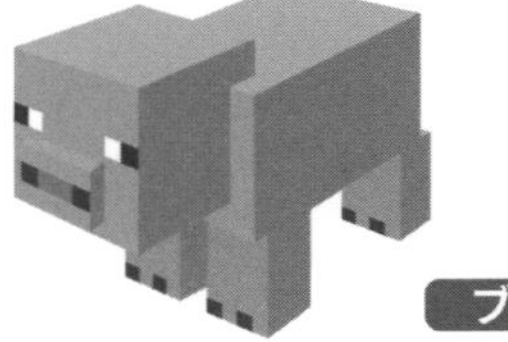

こたえ (　　　　) とう

3 スティーブが　クッキーを　19こ　やきました。そのうち　6こ　たべました。のこった　クッキーは　なんこですか。ひきざんの　しきと　（　　）に　こたえを　かきましょう。

20てん

（しき）

こたえ（　　　）こ

4 おなじ　こたえに　なる　ものを　せん（線）で　つなぎましょう。

30てん

1 + 5 + 3 •	• 8 + 1 − 5
9 − 1 − 4 •	• 10 − 6 + 6
3 + 2 + 5 •	• 7 + 2 − 6
10 − 5 − 2 •	• 7 − 2 + 4

モンスターが ふえたら？

やったね シールを はろう

月 日

てん

スケルトンが 8たい やって きました。さらに 5たいの スケルトンが やって きました。スケルトンは ぜんぶで 13たいに なりました。

たしざんの しきは 8 ＋ 5 ＝ 13 です。

けいさんの しかたを かんがえて みましょう。

8は あと 2で 10です。 5を 2と 3に わけます。

5の 中の 2を 8に たして 10に します。

しきで あらわすと…

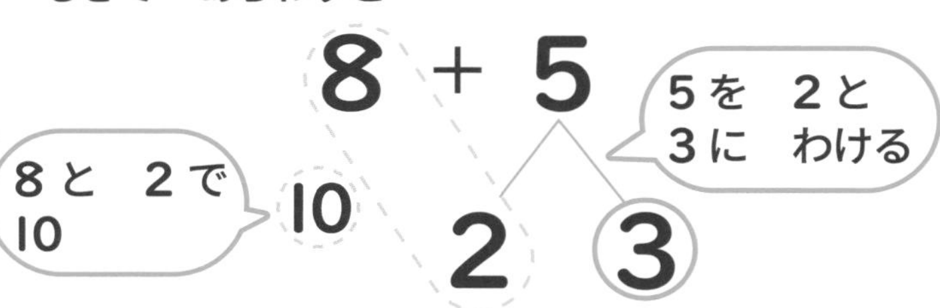

10と 3で 13

こたえ（ 13 ）たい

1 ハスクが 9たい やって きました。さらに 3たいの ハスクが やって きました。ハスクは ぜんぶで なんたいですか。□に あてはまる かずと （ ）に こたえを かきましょう。

30てん（1つ10てん）

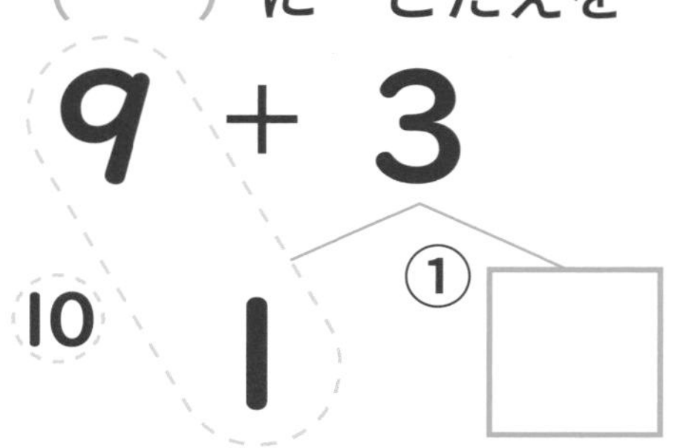

ハスク

9 ＋ 3 ＝ ②□

こたえ ③（ ）たい

2 ピグリンが　7 たい　やって　きました。さらに　6 たいの　ピグリンが　やって　きました。ピグリンは　ぜんぶで　なんたいですか。□に　あてはまる　かずと　（　）に　こたえを　かきましょう。

30 てん（1 つ 10 てん）

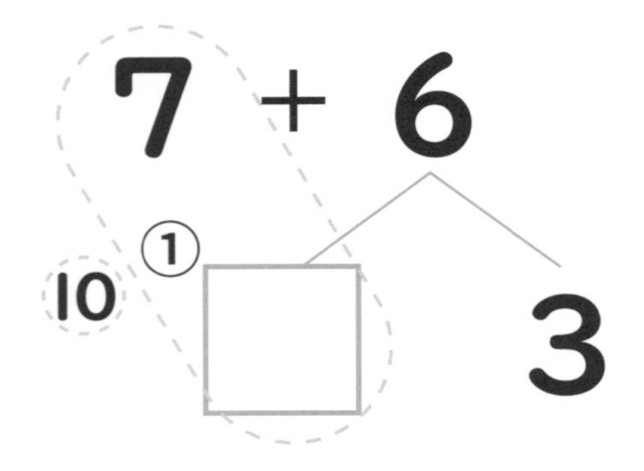

② $7 + 6 =$ □

③ こたえ（　　）たい

3 たしざんの　こたえを　かきましょう。

40 てん（1 つ 5 てん）

① $6 + 5 =$ □　② $7 + 5 =$ □

③ $8 + 4 =$ □　④ $9 + 2 =$ □

⑤ $7 + 4 =$ □　⑥ $8 + 6 =$ □

⑦ $9 + 4 =$ □　⑧ $9 + 5 =$ □

生きものが　ふえたら？

やったね シールを はろう

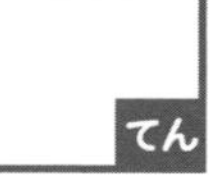

てん

ウサギが　3びき　いました。そこに　9ひきの　ウサギが やって　きました。ウサギは　ぜんぶで　12ひきに なりました。

たしざんの　しきは　3 ＋ 9 ＝ 12 です。

けいさんの　しかたを　かんがえて　みましょう。

3を　2と　1に わけます。

9は　あと　1で　10です。

2　1　10

3の　中の　1を　9に たして　10に　します。

しきで　あらわすと…

3 ＋ 9

3を　2と 1に　わける

9と　1で 10

2　1　10

②と　⑩で　12

こたえ（ 12 ）ひき

1 パンダが　3とう　いました。そこに　8とうの パンダが　やって　きました。パンダは　ぜんぶで なんとうですか。□に　あてはまる　かずと （　）に　こたえを　かきましょう。

30てん（1つ10てん）

3 ＋ 8

① □　2　10

3 ＋ 8 ＝ ② □

こたえ ③（　　）とう

2 ヒツジが　4とう　いました。そこに　8とうの　ヒツジが　やって　きました。ヒツジは　ぜんぶで　なんとうですか。□に　あてはまる　かずと　（　）に　こたえを　かきましょう。

30てん（1つ10てん）

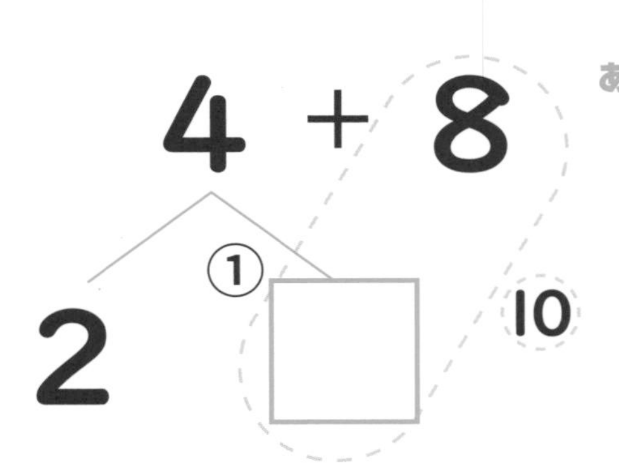

② $4 + 8 = \square$

③ こたえ（　　）とう

3 たしざんの　こたえを　かきましょう。

40てん（1つ5てん）

① $2 + 9 = \square$　② $4 + 9 = \square$

③ $5 + 6 = \square$　④ $5 + 7 = \square$

⑤ $6 + 7 = \square$　⑥ $7 + 8 = \square$

⑦ $7 + 9 = \square$　⑧ $8 + 9 = \square$

アイテムが へったら？

やったね シールを はろう

月 日

てん

ポーションが 12こ ありました。アレックスが 9こ つかったら のこりの ポーションは 3こに なりました。

ひきざんの しきは 12 − 9 ＝ 3 です。

けいさんの しかたを かんがえて みましょう。

12を 10と 2に わけます。

10　2

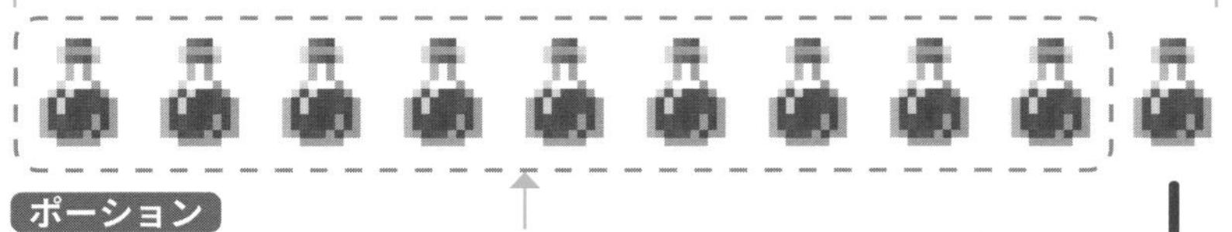

ポーション

10から 9を ひくと 1です。

1

1と 2を たして 3に なります。

12を わけるよ！

アレックス

しきで あらわすと…

12 − 9

10 − 9 ＝ ①

10　②　①と ②で 3

こたえ（ 3 ）こ

1 火(ひ)うち石(いし)が 13こ ありました。スティーブが 8こ つかったら のこりは なんこですか。□に あてはまる かずと （　）に こたえを かきましょう。

30てん（1つ10てん）

火(ひ)うち石(いし)

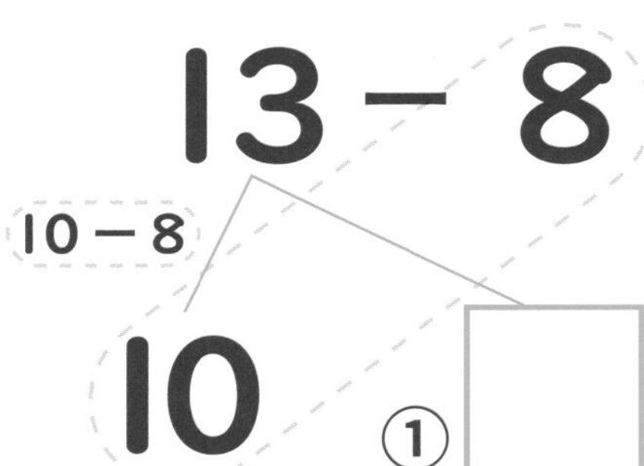

13 − 8

10 − 8

10　①□

13 − 8 ＝ ②□

こたえ ③（　　）こ

スティーブ

2 ほしくさの　たわらが　14 こ　ありました。アレックスが 9 こ　つかったら　のこりは　なんこですか。□に あてはまる　かずと　（　　）に　こたえを　かきましょう。

30 てん（1 つ 10 てん）

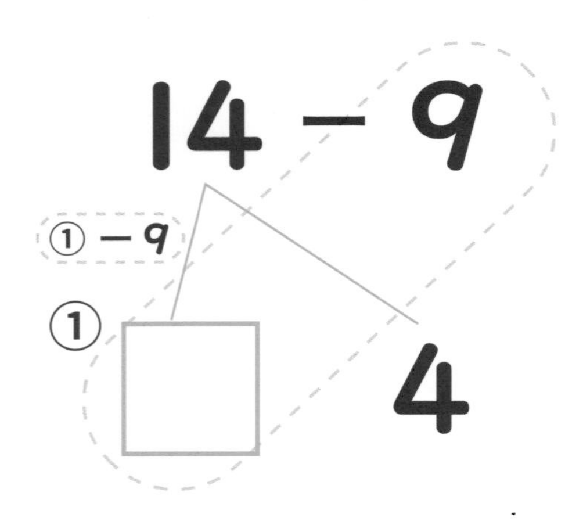

ほしくさの　たわら

14 は　いくつと いくつに　わけると よいかな？

アレックス

14 − 9 ＝ ②□

こたえ ③（　　　）こ

3 ひきざんの　こたえを　かきましょう。

40 てん（1 つ 5 てん）

① 11 − 9 ＝ □　　② 12 − 8 ＝ □

③ 13 − 8 ＝ □　　④ 14 − 8 ＝ □

⑤ 14 − 9 ＝ □　　⑥ 15 − 8 ＝ □

⑦ 15 − 7 ＝ □　　⑧ 16 − 9 ＝ □

ブロックが へったら？

やったね シールを はろう

すなの ブロックが 11こ ありました。スティーブが 3こ つかったら のこりの ブロックは 8こに なりました。

ひきざんの しきは 11 － 3 ＝ 8 です。

けいさんの しかたを かんがえて みましょう。

しきで あらわすと…

11 － 3

11－1＝⑩ 1 ② ⑩－②＝8 **8**

こたえ（ 8 ）こ

1 スポンジの ブロックが 12こ ありました。アレックスが 5こ つかったら のこりは なんこですか。□に あてはまる かずと （ ）に こたえを かきましょう。

30てん（1つ10てん）

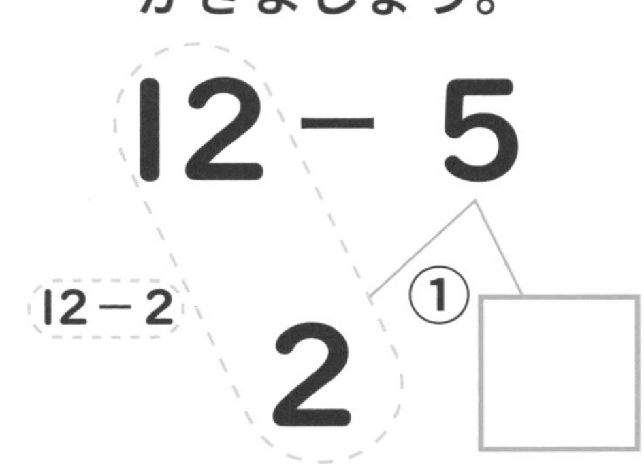

12 － 5 ＝ ②□

こたえ ③（ ）こ

2 エンドストーンレンガが　13 こ　ありました。スティーブが　4 こ　つかったら　のこりは　なんこですか。□ に　あてはまる　かずと　（　　）に　こたえを　かきましょう。

30 てん（1 つ 10 てん）

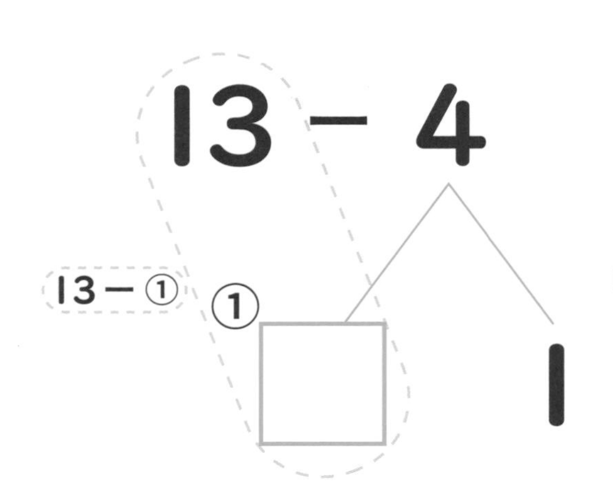

4 は　いくつと
いくつに
わけるのかな？

$13-4=$ ② □

③ こたえ（　　）こ

3 ひきざんの　こたえを　かきましょう。

40 てん（1 つ 5 てん）

① $11-2=$ □　　② $11-4=$ □

③ $12-3=$ □　　④ $12-4=$ □

⑤ $13-5=$ □　　⑥ $14-5=$ □

⑦ $15-6=$ □　　⑧ $16-8=$ □

32

たくさんの　たからもの

やったね シールを はろう

月　日

てん

エンダーパールが　ぜんぶで　36 こ　あります。

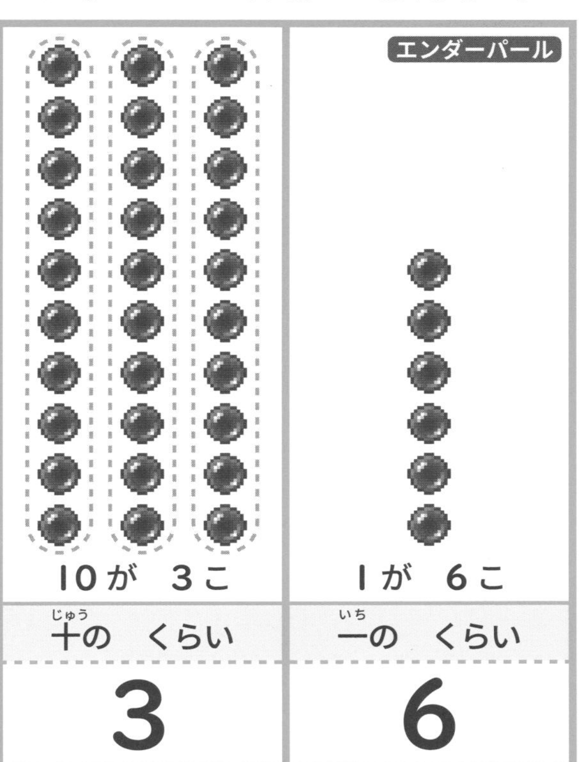

かぞえかたを　かんがえて みましょう。

10が　3こで　30。
1が　6こで　6。
30と　6で　36です。

1 たからものは　いくつ　ありますか。□に かずを　かきましょう。

30 てん
(1つ 15 てん)

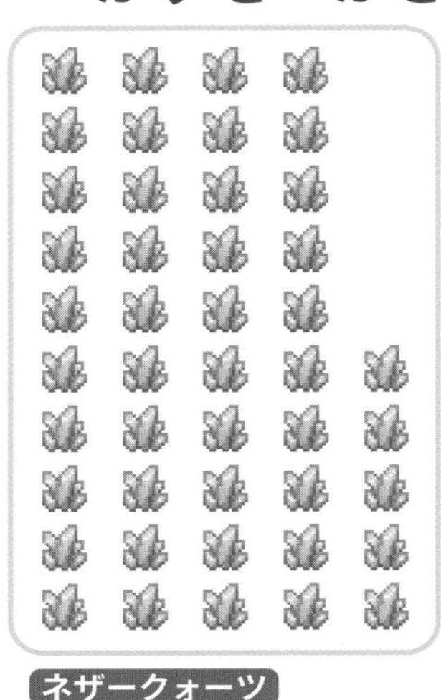

① □ こ

エメラルド

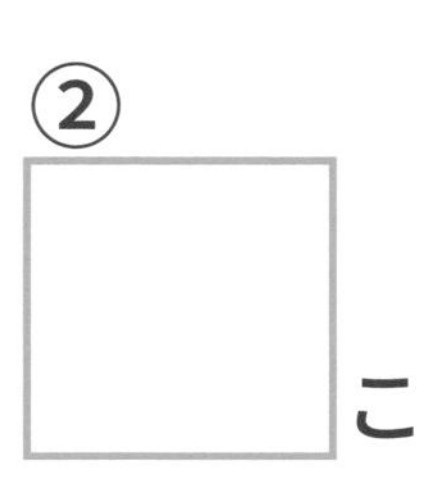

② □ こ

2 スティーブが　ダイヤモンドを　あつめました。かずは
10が　6こと　1が　4こです。ぜんぶで　いくつですか。
□に　かずを　かきましょう。

20てん

ダイヤモンドを
たくさん　あつめたよ！

スティーブ

ダイヤモンド

□こ

3 □に　あう　かずを　かきましょう。

50てん
(1つ10てん)

① 52は　10が　□こと　1が　□こです。

② 68は　10が　□こと　1が　□こです。

③ 10が　7こと　1が　4こで　□です。

④ 10が　8こと　1が　6こで　□です。

⑤ 十(じゅう)の　くらいが　9で　一(いち)の　くらいが　5の　かずは
□です。

33

やったね
シールを
はろう

たいまつと　ろうそくの　かず

月　日

てん

1 たいまつが　30本　ありました。アレックスが　さらに
20本　よういしました。たいまつは　ぜんぶで
なん本ですか。たしざんの　こたえを　かきましょう。

10てん

アレックス

10の　まとまりが
いくつか　かんがえると
いいよ！

30＋20＝□本

2 けいさんを　しましょう。

40てん
（1つ5てん）

① 20＋40＝□

② 30＋50＝□

③ 40＋40＝□

④ 60＋30＝□

⑤ 30－10＝□

⑥ 50－20＝□

⑦ 70－40＝□

⑧ 80－60＝□

3 ろうそくが　23本　ありました。スティーブが　さらに　5本　よういしました。ろうそくは　ぜんぶで　なん本ですか。たしざんの　こたえを　かきましょう。

10てん

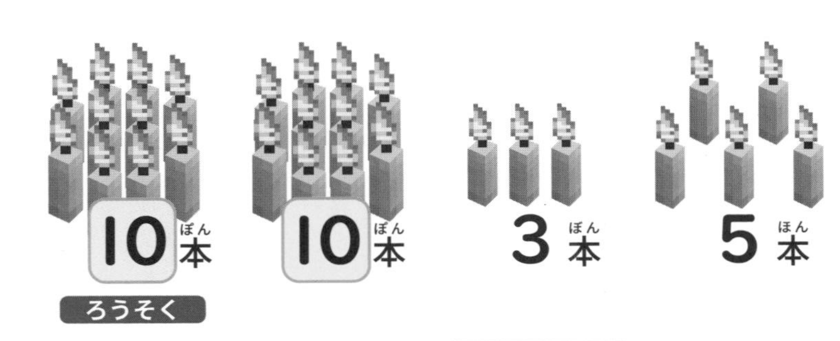

$23+5=\square$ 本

4 けいさんを　しましょう。

40てん
(1つ5てん)

① $31+5=\square$

② $45+3=\square$

③ $62+6=\square$

④ $84+4=\square$

⑤ $54-2=\square$

⑥ $67-5=\square$

⑦ $78-7=\square$

⑧ $89-6=\square$

まとめの　ミニテスト

やったね シールを はろう

57～68 ページで 学(がく)しゅうした　もんだいを　おさらいしましょう。

1 ヴィンディケーターが　8たい　やって　きました。さらに 6たいの　ヴィンディケーターが　やって　きました。ヴィンディケーターは　ぜんぶで　なんたいですか。□に あてはまる　かずと（　　）に　こたえを　かきましょう。

15 てん（1つ5てん）

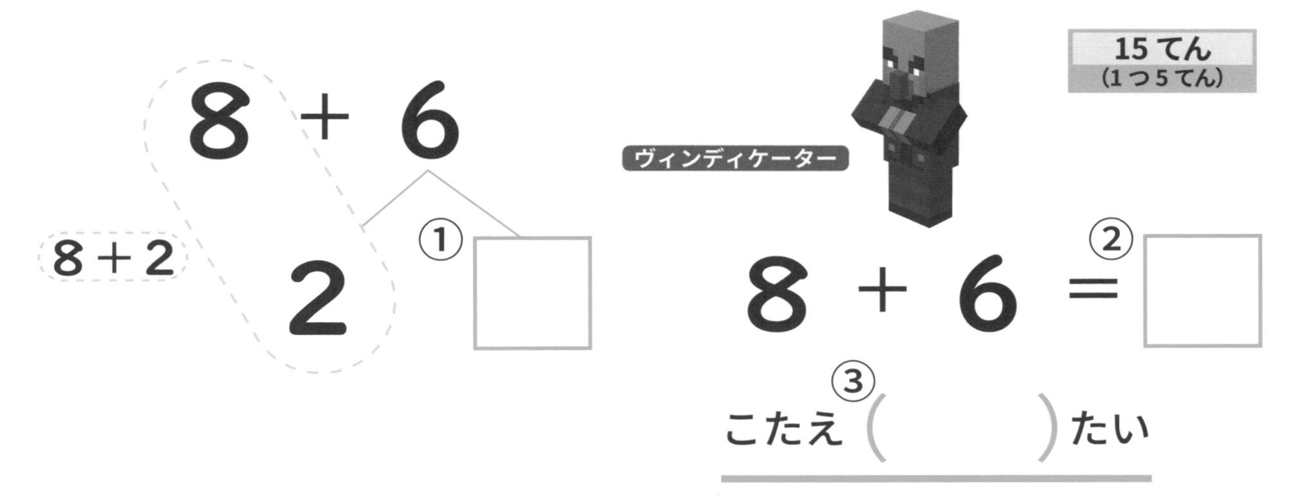

2 ストライダーが　13たい　いました。そのうち　7たいの ストライダーが　いなくなりました。のこった ストライダーは　なんたいですか。□に　あてはまる かずと（　　）に　こたえを　かきましょう。

15 てん（1つ5てん）

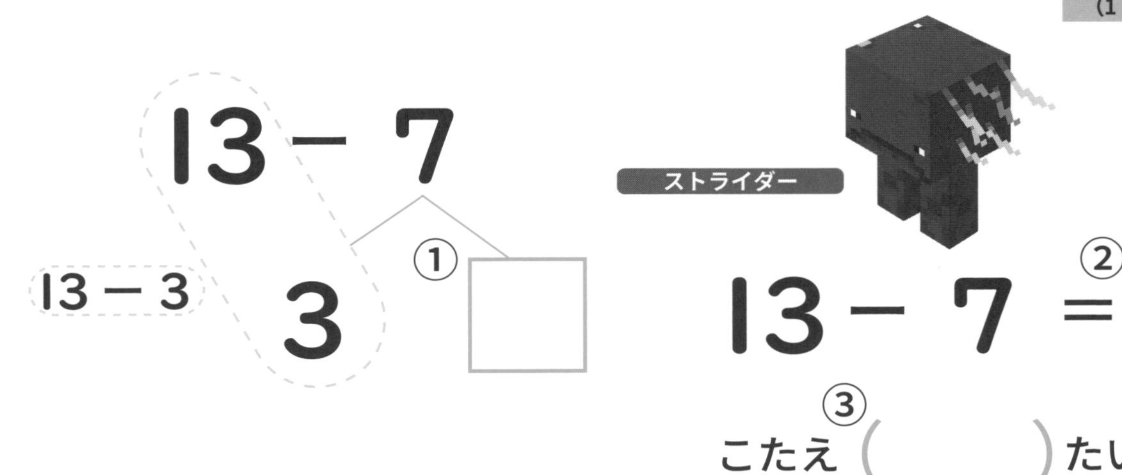

3 アレックスが　ネザークォーツを　あつめました。かずは
10が　7こと　1が　5こです。ぜんぶで　いくつですか。
□に　かずを　かきましょう。

10 てん

4 こたえの　かずが　大(おお)きい　ほうに　○を　かきましょう。

60 てん
(1つ 10 てん)

① 23＋4　25＋3
(ア)(　　) (イ)(　　)

② 46＋2　45＋4
(ウ)(　　) (エ)(　　)

③ 59−3　64−2
(オ)(　　) (カ)(　　)

④ 32＋7　38−5
(キ)(　　) (ク)(　　)

⑤ 71＋7　84−3
(ケ)(　　) (コ)(　　)

⑥ 83＋6　86−3
(サ)(　　) (シ)(　　)

まとめの　テスト1

やったね
シールを
はろう

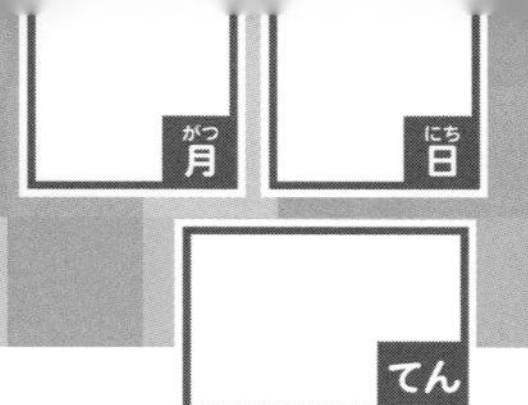

1 □の　生(い)きものの　かずを　ぜんぶで　8に　するには
あと　なんびき　ひつようですか。かずを　かきましょう。

10てん

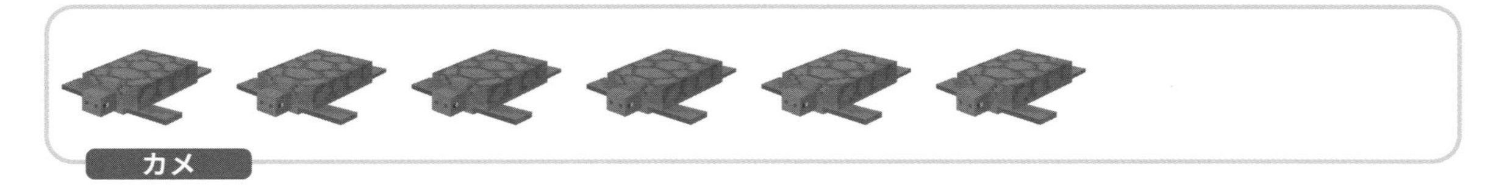

(　　　　)

2 □の　生(い)きものの　かずを　ぜんぶで　9に　するには
あと　なんびき　ひつようですか。かずを　かきましょう。

10てん

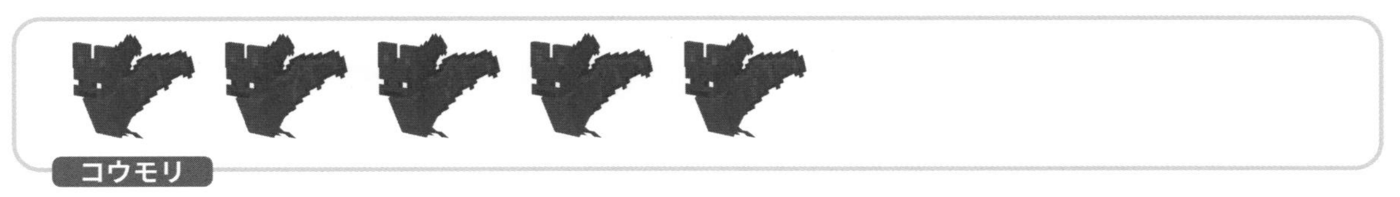

(　　　　)

3 □に　あてはまる　かずを　かきましょう。

30てん
(1つ10てん)

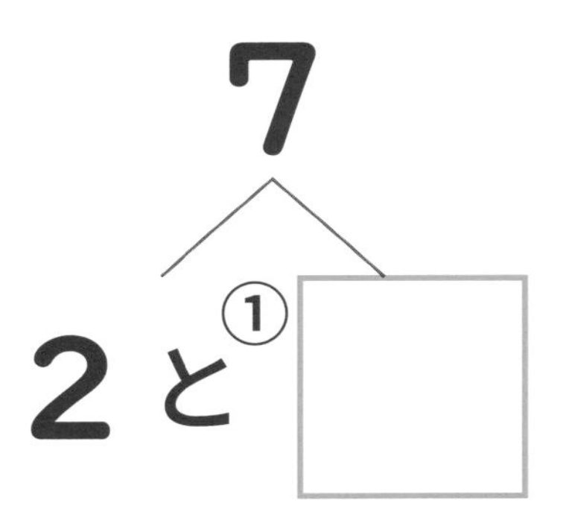

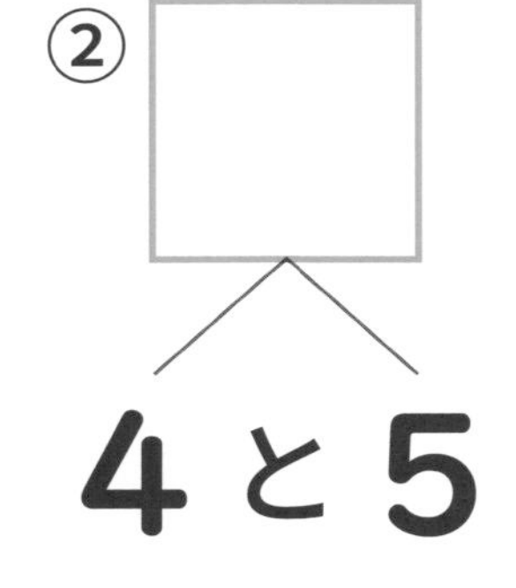

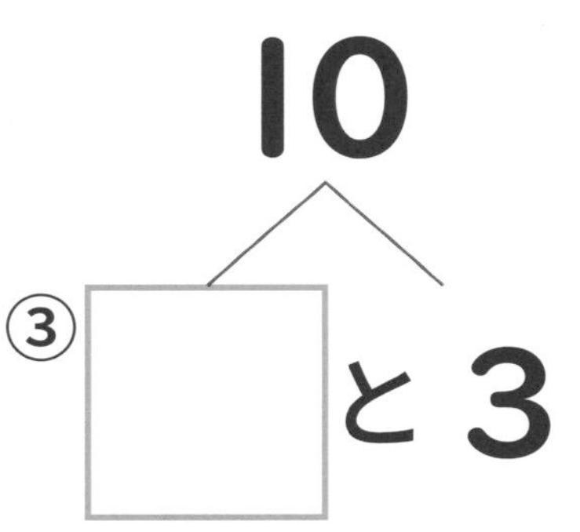

4 アイテムは　あわせて　いくつですか。たしざんの しきを　かきましょう。

20 てん
(1 つ 10 てん)

①

(しき)

②

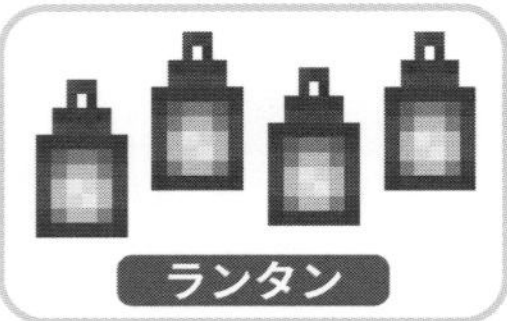

(しき)

5 おなじ　こたえに　なる　ものを　―(せん)で　つなぎましょう。

30 てん

上と　下で　おなじ　こたえに
なる　ものが　あるよ！

アレックス

3 + 2	8 − 2	6 + 3

9 − 3	4 + 5	7 − 2

まとめの　テスト2

やったね
シールを
はろう

てん

1 ヤマネコが　17ひき　いました。さらに　2ひきの
ヤマネコが　やって　きました。ヤマネコは　ぜんぶで
なんびきですか。たしざんの　しきと（　　）に　こたえを
かきましょう。

25てん

ヤマネコ

（しき）

こたえ（　　　　）ひき

2 オオカミが　7ひき　いました。さらに　3びきの
オオカミが　やって　きました。その　うち　4ひきが
いなくなりました。のこった　オオカミは　なんびきですか。
けいさんしきと（　　）に　こたえを　かきましょう。

25てん

オオカミ

（しき）

こたえ（　　　　）ぴき

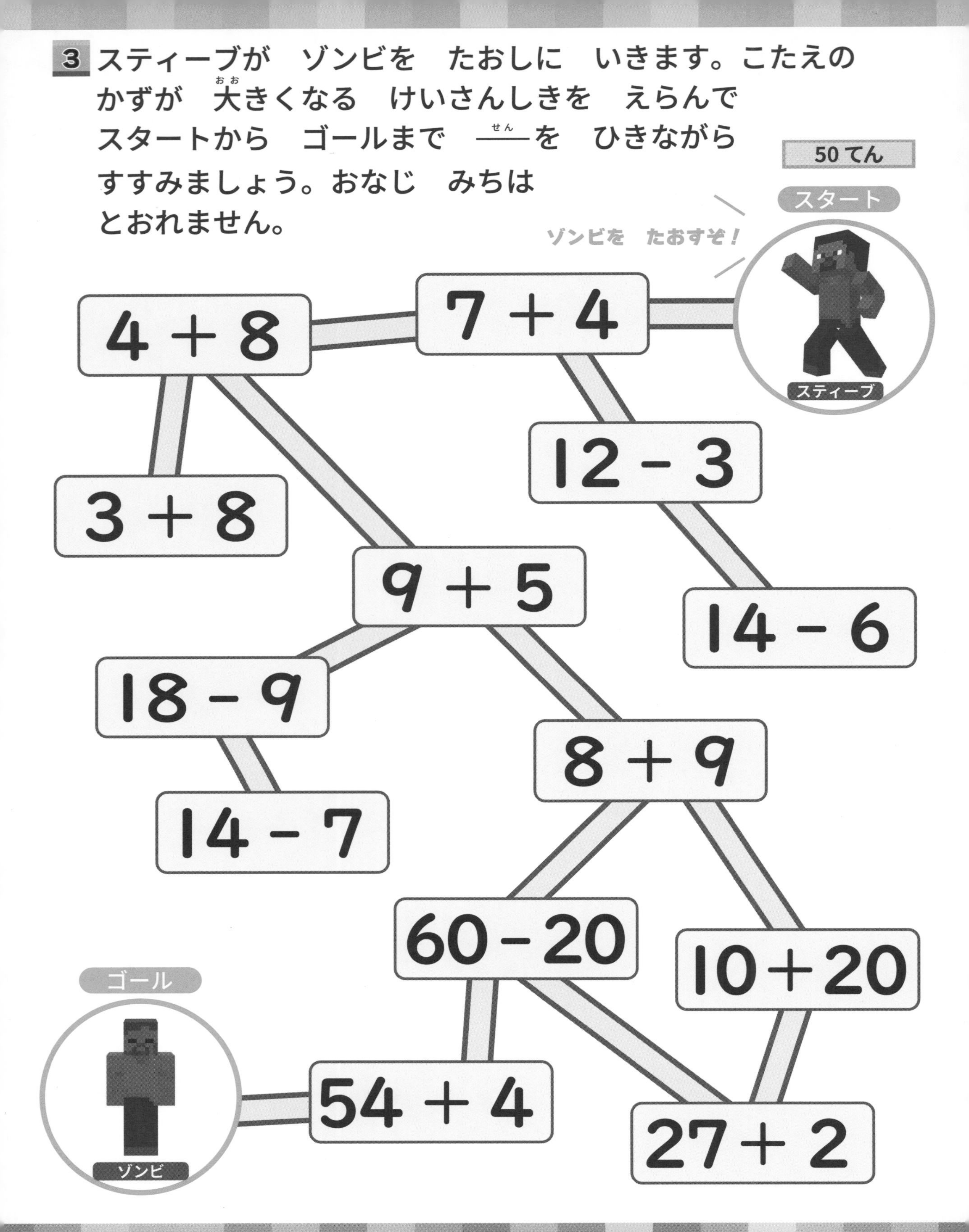
3 スティーブが　ゾンビを　たおしに　いきます。こたえの
かずが　大きくなる　けいさんしきを　えらんで
スタートから　ゴールまで　——を　ひきながら
すすみましょう。おなじ　みちは
とおれません。
50てん
スタート
ゾンビを　たおすぞ！
スティーブ
7 + 4
4 + 8
12 − 3
3 + 8
9 + 5
14 − 6
18 − 9
8 + 9
14 − 7
60 − 20
10 + 20
ゴール
54 + 4
27 + 2
ゾンビ

こたえ

1 モンスターの かず (1)

1

1	1	1	1
2	2	2	2
3	3	3	3
4	4	4	4
5	5	5	5

2

3 2 1 4 5

3 ①3 ②4 ③1 ④5 ⑤2

ポイント

1は、1～5の数字を書く練習です。1以外の数字は、鏡文字にならないように注意しましょう。**2** **3**は、それぞれの数字の数を認識する問題です。モンスターの数を1つずつ数えながら、1～5までの数を認識しましょう。

2 たからものの かず

1

6	6	6	6
7	7	7	7
8	8	8	8
9	9	9	9
10	10	10	10

2

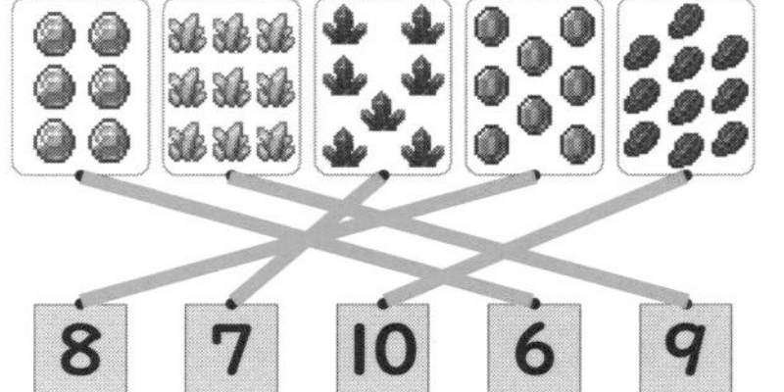

3 ①7 ②9 ③10 ④8 ⑤6

ポイント

1は、6～10の数字を書く練習です。6と9は似ているので、数字の形に注意しましょう。**2** **3**は、それぞれの数字の数を認識する問題です。宝物の数を1つずつ数えながら、6～10までの数を認識しましょう。

3 おなじ かずの アイテム

1 ①金の けん 5　クロスボウ 3　ぼうえんきょう 5　コンパス 4

②（金の けん）と（ぼうえんきょう）

2

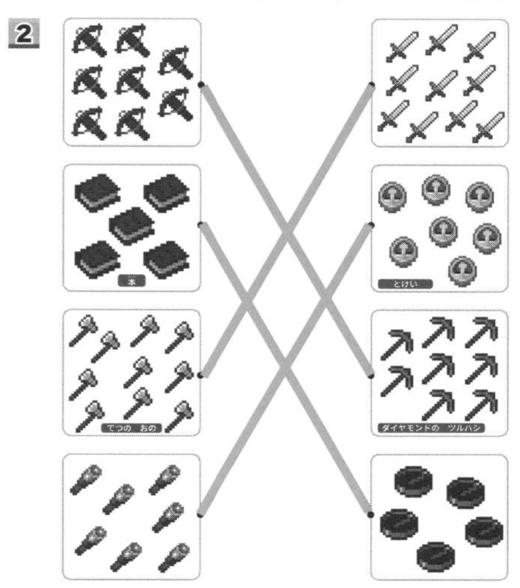

ポイント

2は、アイテムを使って、5～10の同じ数のものがどれかを認識します。

4 かずを くらべよう

1 ① 5 ネコ　7 さかな

②さかな

2 ① 7 ニワトリ　9 たまご

②ニワトリ

ポイント

2つのものの数を比較して、どちらが多いか少ないかを認識します。ひとつずつ正確に数を数えましょう。

5 モンスターの じゅんばん

1 ①3 ②4

2 ①3 ②5 ③7

ポイント

順番を考える問題です。**1**では、前から何番目、後ろから何番目かを考えます。**2**では、左から何番目、右から何番目かを考えます。モンスターをひとつずつ指さしながら順番を数えていくといいでしょう。

6 ブロックは　いくつと　いくつ？

1 ①4　②3　③2　④1
2 ①4　②3　③2　④1
3

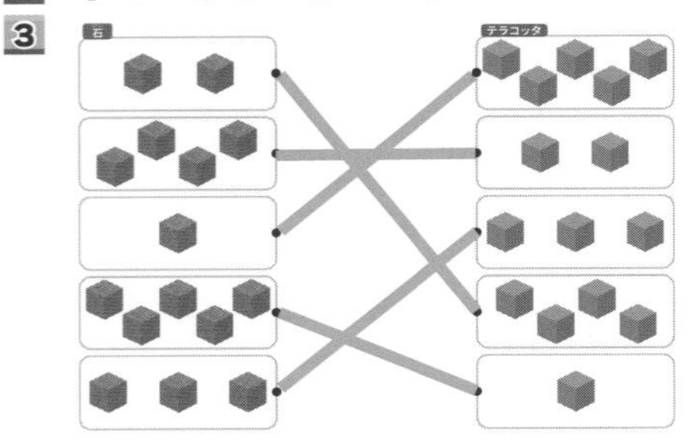

ポイント

ブロックを使って、5、6のそれぞれの数を2つに分けると、いくつといくつになるかを考えます。**1**では、認識しやすいように違う種類のブロックで考え、**2**では少し難易度を上げて同じブロックで考えます。**3**は、足し算や引き算の基礎となる問題です。

7 生きものは　いくつと　いくつ？

1 ①6　②5　③4　④3　⑤2　⑥1
2 ①6　②5　③4　④3　⑤2　⑥1
3 2
4 5

ポイント

生き物を使って、7、8のそれぞれの数を2つに分けると、いくつといくつになるかを考えます。**1**では違う生き物、**2**では同じ生き物で考えます。**3** **4**は、**6**の**3**と同様に、足し算や引き算の基礎となる問題です。

8 たべものは　いくつと　いくつ？

1 ①8　②7　③6　④5　⑤4　⑥3
　⑦2　⑧1
2 ①9　②8　③7　④6　⑤5　⑥4
　⑦3　⑧2　⑨1
3 ①4　②5　③3

ポイント

食べ物を使って、9、10のそれぞれの数を2つに分けると、いくつといくつになるかを考えます。**1**では違う食べ物、**2**では同じ食べ物で考えます。**3** **4**は、**6**の**3**や**7**の**3** **4**と同様に、足し算や引き算の基礎となる問題です。

9 まとめの　ミニテスト

1 ①ハスク 5　ファントム 7　エンダーマン 4　スライム 5
　②（ハスク）と（スライム）
　③ファントム
2

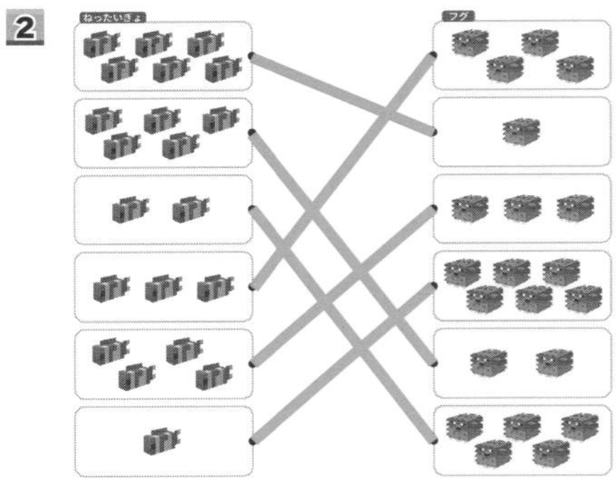

3 ①5　②9　③8

ポイント

3～18ページで学習したことのまとめの問題です。**1**では、それぞれのモンスターの数を丁寧に数えましょう。**2**は、合わせて7になるように、数の組み合わせを考えます。

10 アイテムを　あわせたら？

1 ① 1＋2＝3
　② 2＋2＝4
2 ①1＋2＝3　②3＋1＝4
　③4＋1＝5　④3＋2＝5

ポイント

足し算の計算式を用いて、2種類のアイテムを合わせたらいくつになるかを考えます。答えが5までの足し算の問題に取り組みます。

11 たべものが　ふえたら？

1 ① 2＋2＝4
　② 4＋1＝5
2 ①2＋3＝5　②4＋2＝6
　③3＋3＝6　④5＋1＝6

ポイント

足し算の計算式を用いて、同じ食べ物の数が増えたらいくつになるかを考えます。答えが6までの足し算の問題に取り組みます。

12 モンスターが　やって　きた

1 2＋4＝6　こたえ（6）たい
2 4＋3＝7　こたえ（7）たい
3 ①5　②5　③7　④6　⑤6　⑥7
4 （ウ）（エ）

ポイント

1 2 は、モンスターを使った足し算です。それぞれの数がいくつかを認識して、足し算の答えを考えましょう。3 4 では、答えが 7 までの足し算の問題に取り組みます。

13 うみの　生(い)きもの

1 4＋5＝9　こたえ（9）ひき

2 6＋4＝10　こたえ（10）とう

3 ①8 ②8 ③9 ④10 ⑤10 ⑥9

4

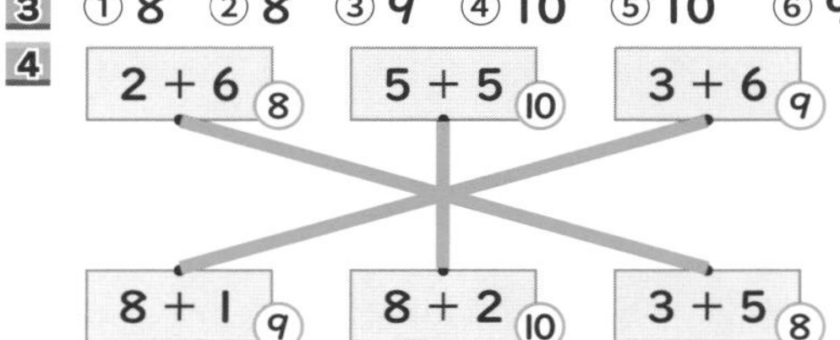

ポイント

1 2 は、海の生き物を使った10までの足し算です。3 4 では、答えが 10 までの足し算の問題に取り組みます。

14 たべものが　へったら？

1 ① 3－1＝2
② 4－2＝2

2 ①5－2＝3　②5－4＝1
③6－3＝3　④6－2＝4

ポイント

ここから、引き算の問題に取り組みます。引き算の計算式を使って、はじめにあった食べ物の数から、ある数を引いたらいくつ残るかを考えます。

15 アイテムの　かずの　ちがい

1 ① 3－2＝1
② 4－1＝3

2 ①4－1＝3　②5－4＝1
③6－2＝4　④6－5＝1

ポイント

引き算の計算式を用いて、2 種類のアイテムの数の違いはいくつかを考えます。式のはじめの数が 6 までの引き算の問題に取り組みます。

16 モンスターを　たおせ！

1 6－2＝4　こたえ（4）たい

2 5－3＝2　こたえ（2）たい

3 ①2 ②5 ③1 ④3 ⑤4 ⑥3

4 （ウ）（カ）

ポイント

1 2 は、モンスターを使った引き算です。それぞれの数がいくつかを認識して、引き算の答えを考えましょう。3 4 では、式のはじめの数が 7 までの引き算の問題に取り組みます。

17 生(い)きものが　やって　きた

1 8－3＝5　こたえ（5）ひき

2 10－5＝5　こたえ（5）とう

3 ①3 ②7 ③2 ④5 ⑤7 ⑥5

4

9－3 6　10－6 4　9－6 3

10－7 3　10－4 6　8－4 4

ポイント

1 2 は、生き物を使った引き算です。それぞれの数がいくつかを確認して、引き算の答えを考えましょう。3 4 では、式のはじめの数が 10 までの引き算の問題に取り組みます。

18 まとめの　ミニテスト

1 ① 3＋2＝5
② 4＋4＝8

2 6＋3＝9　こたえ（9）たい

3

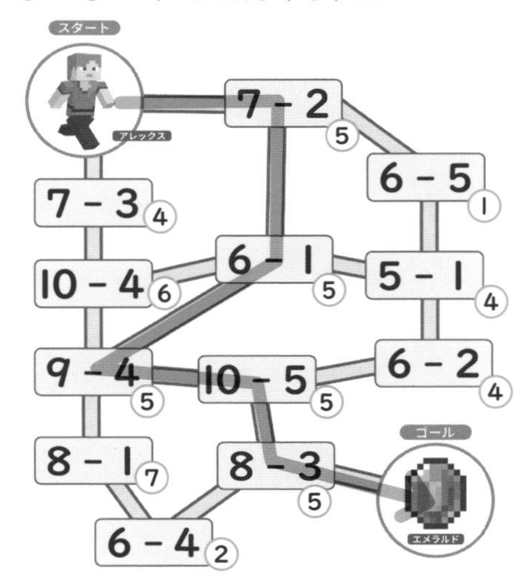

ポイント

21～36 ページで学習したことのまとめの問題です。1 2 は、モンスターを使った足し算の問題です。3 は、引き算をしながら迷路を進みます。全部の引き算を解いてみましょう。

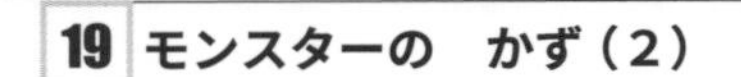

19 モンスターの　かず（2）

1 ① 12　② 13　③ 14　④ 15　⑤ 16　⑥ 17

2

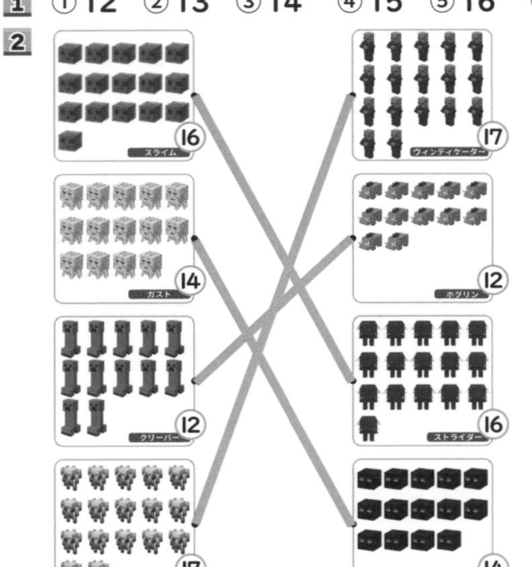

ポイント

10 より大きい数を学びます。ここでは 17 までの数を取り上げています。モンスターの数を 1 つずつ数えながら、17 までの数を認識しましょう。

20 アイテムを　あつめよう

1 ① 18　② 19　③ 20

2

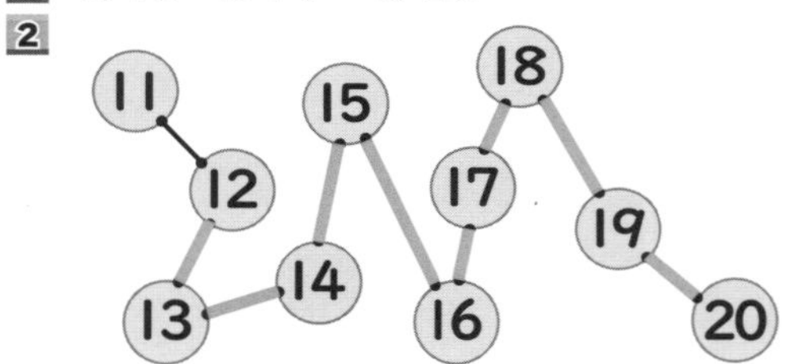

3 ① 6　② 7　③ 8　④ 9　⑤ 10

ポイント

10 より大きい数として、ここでは 20 までの数を学びます。**3** では、指定された数にするにはあといくつ必要かを考えます。10 より大きい足し算の基礎となる問題です。

21 ゾンビたちが　やって　きた

1 11＋5＝16　　こたえ（ 16 ）たい

2 13＋3＝16　　こたえ（ 16 ）たい

3 ① 16　② 15　③ 16　④ 16
⑤ 17　⑥ 17　⑦ 16　⑧ 17

ポイント

10 より大きい数の足し算の問題です。**1** の 11＋5 の場合は、11 を十の位と一の位に分け、10 と 1 と考え、一の位の1と5を足して、答えを導きます。**3** では、答えが 17 までの足し算の問題に取り組みます。

22 小さな　生きもの

1 14＋4＝18　　こたえ（ 18 ）ひき

2 16＋3＝19　　こたえ（ 19 ）ひき

3 ① 18　② 18　③ 18　④ 19　⑤ 19　⑥ 19

4 （ア）（オ）（カ）

ポイント

答えが 19 までの足し算の問題です。**21** と同様に、ここでも 10 より大きい数の方は、十の位と一の位の数を分けて考え、答えを導きましょう。

23 さかなの　かず

1 15－3＝12　　こたえ（ 12 ）ひき

2 17－4＝13　　こたえ（ 13 ）びき

3 ① 11　② 11　③ 11　④ 12
⑤ 13　⑥ 12　⑦ 14　⑧ 12

ポイント

10 より大きい数の引き算の問題です。**1** の 15－3 の場合は、15 を十の位と一の位に分け、10 と 5 と考え、一の位の5から3を引いて、答えを導きます。**2** **3** では、式のはじめの数が 17 までの引き算の問題に取り組みます。

24 しゅうかくした　もの

1 18－3＝15　　こたえ（ 15 ）こ

2 19－6＝13　　こたえ（ 13 ）こ

3 ① 14　② 11　③ 11
④ 12　⑤ 15　⑥ 11

4

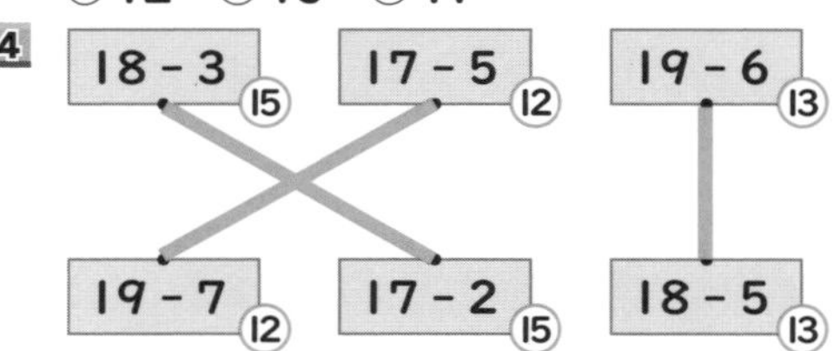

ポイント

式のはじめの数が 19 までの引き算の問題です。**23** と同様に、ここでもはじめの数は、十の位と一の位の数を分けて考え、答えを導きましょう。

25 モンスターは　ぜんぶで　なんたい？

1 6　こたえ（ 6 ）たい
2 2＋4＋3＝9　　こたえ（ 9 ）たい
3 2　こたえ（ 2 ）たい
4 10－5－2＝3　　こたえ（ 3 ）たい
5 10 － 2 － 6 ＝ 2　　こたえ（ 2 ）たい

ポイント

３つの数の計算問題に取り組みます。1 2 は足し算の問題、3 4 5 は引き算の問題です。足し算も引き算も、まずはじめの２つの数で計算して答えを出し、その答えの数と３つ目の数を計算するようにしましょう。

26 たべものは　ぜんぶで　いくつ？

1 7　こたえ（ 7 ）たば
2 4－2＋3＝5　　こたえ（ 5 ）本
3 6 ＋ 4 － 5 ＝ 5　　こたえ（ 5 ）本
4 ① 9　② 6　③ 8　④ 2

ポイント

足し算と引き算が混在する３つの数の計算問題に取り組みます。25 と同様、まずはじめの２つの数で計算して答えを出し、その答えの数と３つ目の数を計算するようにしましょう。

27 まとめの　ミニテスト

1 ① 5　② 8　③ 10
2 13＋5＝18　　こたえ（ 18 ）とう
3 19 － 6 ＝ 13　　こたえ（ 13 ）こ
4

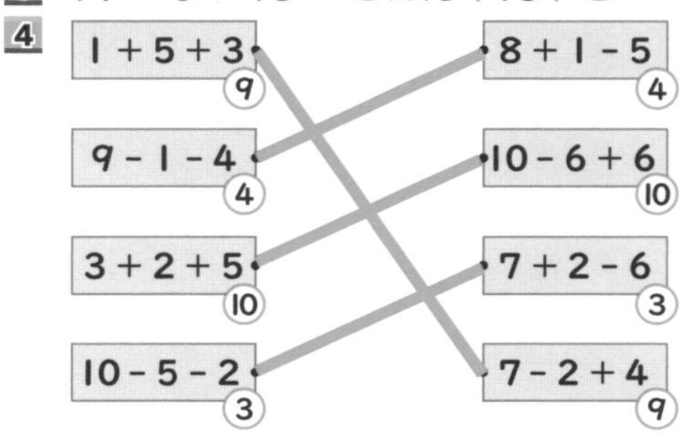

ポイント

39～54 ページで学習したことのまとめの問題です。1 2 3 では、20 までの数の認識問題や足し算、引き算の問題を取り上げています。4 は、３つの数の計算問題です。足し算なのか引き算なのかを間違えずに計算しましょう。

28 モンスターが　ふえたら？

1 ① 2　② 12　③ 12
2 ① 3　② 13　③ 13
3 ① 11　② 12　③ 12　④ 11
⑤ 11　⑥ 14　⑦ 13　⑧ 14

ポイント

繰り上がりのある足し算の問題です。足し算の２つの数のうち、はじめの大きい数にあといくつ足せば 10 になるかを考え、小さい方の数を２つに分けて、答えを導きます。1 の 9 ＋ 3 の場合は、9 にいくつ足せば 10 になるかを考え、小さい方の数の 3 を 1 と 2 に分けて、答えを導きます。

29 生きものが　ふえたら？

1 ① 1　② 11　③ 11
2 ① 2　② 12　③ 12
3 ① 11　② 13　③ 11　④ 12
⑤ 13　⑥ 15　⑦ 16　⑧ 17

ポイント

繰り上がりのある足し算の問題です。28 と違うのは、足し算の２つの数のうち、後の数の方が大きいことです。この場合は、後の数にはじめの数をいくつ足せば 10 になるかを考え、はじめの数を２つに分けて、答えを導きます。考え方は、28 と同じです。

30 アイテムが　へったら？

1 ① 3　② 5　③ 5
2 ① 10　② 5　③ 5
3 ① 2　② 4　③ 5　④ 6
⑤ 5　⑥ 7　⑦ 8　⑧ 7

ポイント

繰り下がりのある引き算の問題です。はじめの数を十の位と一の位に分け、十の位の 10 から引いた数と、一の位の数を足して、答えを導きます。1 の 13－8の場合は、十の位の10から8を引いた2と、一の位の3を足して、答えを導きます。

31 ブロックが　へったら？

1 ① 3　② 7　③ 7
2 ① 3　② 9　③ 9
3 ① 9　② 7　③ 9　④ 8
⑤ 8　⑥ 9　⑦ 9　⑧ 8

ポイント

30 より高度な繰り下がりのある引き算の問題です。はじめの数からいくつを引いたら 10 になるかを考え、引く数を２つに分けます。その後、分けた残りの数を 10 から引いて、答えを導きます。1 の 12 －5の場合は、引く数の5を2と3に分け、12 から2を引きます。その後、10から3を引きます。

32 たくさんの　たからもの

1 ① 45　② 57
2 64
3 ① 5、2　② 6、8　③ 74　④ 86　⑤ 95

ポイント

20 以上の大きな数の数え方を学ぶ問題です。十の位と一の位の数を分け、十の位では、10 のまとまりがいくつあるかという考え方で、全部の数を考えます。

33 たいまつと　ろうそくの　かず

1 50
2 ① 60　② 80　③ 80　④ 90
⑤ 20　⑥ 30　⑦ 30　⑧ 20
3 28
4 ① 36　② 48　③ 68　④ 88
⑤ 52　⑥ 62　⑦ 71　⑧ 83

ポイント

大きな数の足し算と引き算です。**1** **2** は、10 のまとまりがいくつあるかを考えて、答えを導きます。また **3** **4** は、十の位はそのままで、一の位を計算して、答えを導きます。

34 まとめの　ミニテスト

1 ① 4　② 14　③ 14
2 ① 4　② 6　③ 6
3 75
4 ①（イ）　②（エ）　③（カ）
④（キ）　⑤（コ）　⑥（サ）

ポイント

57～68 ページで学習したことのまとめの問題です。**1** **2** では、繰り上がりのある足し算と、繰り下がりのある引き算の問題を取り上げています。**4** は、20 以上の大きな数の計算問題です。十の位はそのままで、一の位を計算して、答えを導きます。1 つずつ丁寧に計算しましょう。

35 まとめの　テスト 1

1 2
2 4
3 ① 5　② 9　③ 7
4 ① 2 ＋ 3 ＝ 5　② 4 ＋ 3 ＝ 7
5

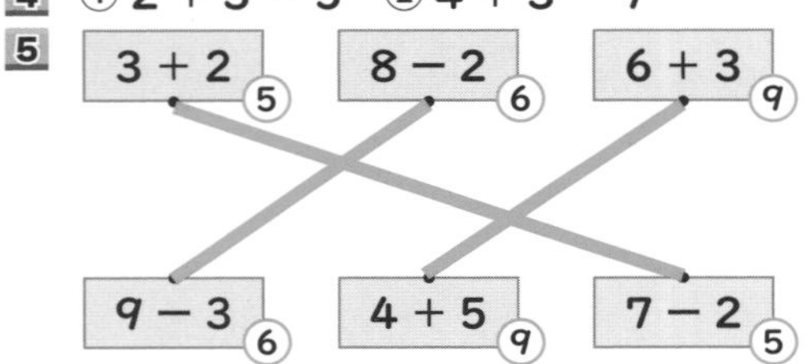

ポイント

3～38 ページで学習したことのまとめの問題です。**4** **5** の 10 までの足し算、引き算の問題では、それぞれの数を認識し、1 つずつ丁寧に計算して、答えを導きましょう。

36 まとめの　テスト 2

1 17 ＋ 2 ＝ 19　　こたえ（ 19 ）ひき
2 7 ＋ 3 － 4 ＝ 6　　こたえ（ 6 ）ぴき
3

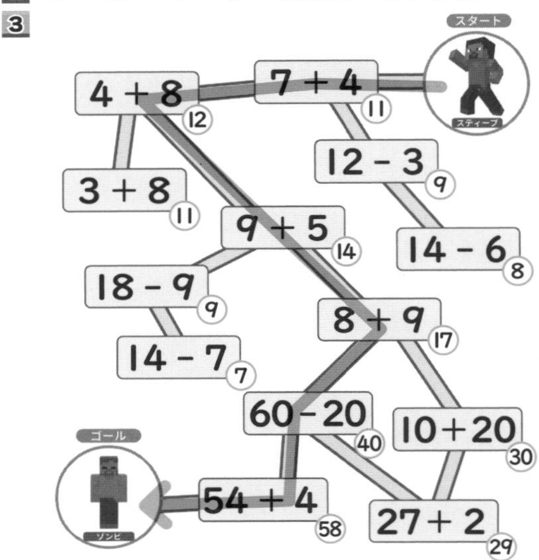

ポイント

39～70 ページで学習したことのまとめの問題です。**3** では、繰り上がりのある足し算、繰り下がりのある引き算、大きな数の足し算、引き算の問題を解きながら、迷路を進みます。さまざまなパターンの計算問題が出てくるので、間違えないように 1 つずつ丁寧に計算しましょう。